仿生态鱼道建设水力学关键技术研究

蔡玉鹏　陈思宝◎著

长江出版传媒　湖北科学技术出版社

图书在版编目（CIP）数据

仿生态鱼道建设水力学关键技术研究 / 蔡玉鹏，陈思宝著 . —武汉：湖北科学技术出版社，2023.9

ISBN 978-7-5706-2387-7

Ⅰ . ①仿…　Ⅱ . ①蔡…　②陈…　Ⅲ . ①仿生－鱼道－水力学－研究　Ⅳ . ① S956.3　② TV135.9

中国国家版本馆 CIP 数据核字（2023）第 008894 号

责任编辑：张波军

责任校对：陈横宇　　　　　　　　　　　　　　封面设计：曾雅明

出版发行：湖北科学技术出版社

地　　址：武汉市雄楚大街 268 号（湖北出版文化城 B 座 13-14 层）

电　　话：027-87679468　　　　　　　　　　邮　　编：430070

印　　刷：武汉中科兴业印务有限公司　　　　　邮　　编：430071

710×1000　　　　1/16　　　　　　　　16 印张　　　　400 千字

2023 年 9 月第 1 版　　　　　　　　　　　2023 年 9 月第 1 次印刷

定　　价：68.00 元

《仿生态鱼道建设水力学关键技术研究》
编委会

近年来,我国建设了大量竖缝式鱼道。竖缝式鱼道具有占地小、结构简单、耗水量少等优点,但是存在过鱼目标单一的问题。我国鱼类种类繁多且行为习性和生境需求多样,多种鱼类都有过坝需求。为了更好地满足鱼类上溯需求,仿生态鱼道成为发展趋势。仿生态鱼道的主要特点是能够形成适宜多种鱼类通过的空间多样化水流条件,在鱼道池室结构、形式布置、水力学条件等方面更有利于鱼类通过鱼道,并能满足多种鱼类过鱼需求。因此,作为传统过鱼设施的重要补充,对于我国的鱼道建设和河道生态修复无疑具有重要的价值。

虽然国内已经开展仿生态鱼道的研究,但由于起步较晚,现有相关研究不够深入,多目标仿生态鱼道更是鲜有涉及。在传统水利水电工程的鱼道设计中,过鱼对象主要考虑洄游性鱼类和特有鱼类,普遍以传统鱼道为主,在鱼道型式上多为竖缝式,池室结构、型式布置较为单一。通过仿生态鱼道设计,改进鱼道内流速流态分布、紊动能等关键水力学参数,对提高鱼道过鱼效果具有重要意义。本书通过仿生态鱼道局部三维数学模型,获得池室内水流流态、流速、紊动结构等关键水力学指标,建立仿生态鱼道单级池室能量消耗与关键水力学参数之间的关系;提出仿生态鱼道池室结构主要参数与水力关键参数之间的响应规律及关键参数取值范围,建立仿生态鱼道水力设计方法。

全书分为5个部分。第一部分(第1章至第3章)对国内已建成的仿生态鱼道进行深入调研,包括仿生态鱼道的布置型式、设计参数等,总结鱼道成功和失败的经验。第二部分(第4章)介绍过鱼对象游泳能力研究,针对目前鱼类资源、过鱼对象生态习性、行为特点等方面基础信息不足的情况,开展典型流域的鱼类种类组成及天然水生态环境调查研究,确定典型流域过鱼对象,获得相关鱼类的生态习性、洄游规律、游泳能力等鱼类行为学指标,该研究成果可以为鱼道设计提供技术参数。第三部分(第5章)介绍仿生态鱼道局部三维紊流数值模拟研究,根据调研成果选择过鱼效果较好的仿生态鱼道布置型式,建立鱼道局部池室三维紊流数学模型,获取仿生态鱼道不同池室结构布置型式下的水流结构、流速分布、紊动能及涡量分布等水力指标特性,分析不同池室结构形式与关键水动力参数之间的关系,并与鱼道池室局部模型试验成果相互验证,优化池室结构布置型式。第四部分(第6章)介绍仿生态鱼道局部物理模型试验研究,建立仿生态鱼道局部物理模型,对仿生态鱼道不同池室结构布置型式下的关键水动力特性进行研究,获取仿生态鱼道不同池室结构布置型式下的水流结构、流速分布等关键水动力特性,为数学模型提供模型参数,并与鱼道池室三维数学模型成果相互验证,优化池室结构布置型式。第五部分(第7章至第9章)介绍仿生态鱼道布置型式的优化设计,根据仿生态鱼道池室水力条件与其主要影响因素之间的响应关系、响应规律,结合鱼类生物学特征,对典型工程仿生态鱼道布置型式进行优化设计,改善鱼道的水力条件。

本书内容涵盖了仿生态鱼道池室三维数值模拟、物理模型试验和工艺设计等,形成了鱼类临界游泳速度测试、多目标过鱼等创新和方法,可供鱼道设计和运行维护参考。

本书在写作过程中,全体编写人员、相关项目参与人员及调查技术人员等付出了众多努力。蔡玉鹏负责第1章、第2章和第3.3节约120千字的撰写;陈思宝负责第3.1节、第4章和第9章约110千字的撰写;张一楠负责第3.2节和第7.5节约31千字的撰写;刘火箭负责第5章约30千字的撰写;林洁梅负责第6章和第7.1节约31千字的撰写;马俊超负责第7.3节和第7.4节约28千字的撰写;张芝玲负责第7.2节和第8.2节约30千字的撰写;胡胜利负责第8.1节约20千字的撰写。全书第1章至第5章由蔡玉鹏统稿,第6章至第9章由陈思宝统稿。在此对所有参与者表示由衷的感谢!

由于作者水平和时间有限,书中疏漏和不足之处在所难免,恳请专家、同行和广大读者提出宝贵意见。

目 录
CONTENTS

1 概　　述

1.1 研 究 背 景

我国河流众多,水能资源丰富,自20世纪50年代以来,为开发利用水能资源,我国兴建了一批水库大坝、水电站等水利水电工程。我国已建成各类水库9.8万多座,水库大坝的数量和规模已居世界第一位。水库大坝能够发挥防洪、发电、供水、灌溉等功能效益,但又阻断了河道连通性,阻隔洄游鱼类的上下游移动通道,对洄游鱼类种群特征产生较大影响。

过鱼设施作为水利工程阻隔效应的缓解措施日益受到社会各方面的高度重视,许多在建或待建的水利水电工程都已着手开展针对过鱼设施的设计与研究工作。过鱼设施主要针对不同的过鱼方式、不同类型的阻隔影响和不同生态习性鱼类的过鱼效果,采用鱼道、仿自然通道、鱼闸、升鱼机、集运鱼系统等多种形式,其中鱼道最为常见,为洄游性鱼类提供洄游通道,帮助鱼类克服障碍物(如各种坝、堰、水闸),是沟通水利水电工程上下游河流的重要纽带,是目前采用的主要过鱼形式。

近年来,我国建设了大量竖缝式鱼道,竖缝式鱼道具有占地小、结构简单、耗水量少等优点,但是存在过鱼目标单一的问题。我国鱼类种类繁多且行为习性和生境需求多样,多种鱼类都有过坝需求。为了更好地满足鱼类上溯需求,仿生态鱼道成为发展趋势。仿生态鱼道的主要特点是能够形成适宜多种鱼类通过的空间多样化水流条件,在鱼道池室结构、形式布置、水力学条件等方面更有利于鱼类通过鱼道,并能满足多种鱼类过鱼需求。因此,作为传统过鱼设施的重要补充,仿生态鱼道对于我国的鱼道建设和河道生态修复无疑具有重要的价值。

虽然国内已经开展仿生态鱼道的研究,但由于起步较晚,现有相关研究不够深入,多通道仿生态鱼道更鲜有涉及。根据长江勘测规划设计研究有限责任公司承担的部分水利水电工程的鱼道设计,如扎拉、宗通卡、旭龙、白马、鄱阳湖水利枢纽等工程,过鱼对象主要考虑洄游性鱼类和特有鱼类,普遍以传统鱼道为主,鱼道型式多为竖缝式,池室结构、型式布置较为单一。通过仿生态鱼道设计,改进鱼道内流速流态分布、紊动能等关键水力学参数,对提高鱼道过鱼效果具有重要意义。

1.2 国内外鱼道研究进展

1.2.1 国外鱼道发展历史

最早的鱼道出现在300多年前的法国,当时的鱼道是疏浚河道中的礁石、急滩等天然的障碍,同时当时的人们将捆绑的树枝、大小不一的石块布置在里面,降低河道中的水流流速,为洄游性鱼类提供洄游通道。1662年,法国西南部的贝阿尔恩省颁发了规定,要求在修建的堰坝上建造供洄游鱼类上、下通行的通道。1870年,日本在其境内的一条瀑布上修建了一座过鱼通道,目的是使洄游性鱼类能更好地进入当地的十和田湖内,这也是日本修建鱼道的雏形。1883年,英国在柏思谢尔地区泰斯河支流的胡里坝上建成了世界上第一座鱼道,该鱼道设置了80多个池室,但由于运行水位有限及设计不符合鱼类的生活习性,过鱼效果不佳。

1909—1913年,比利时工程师丹尼尔通过试验与研究,提出在鱼道内部设置一定间距、与底部成45°角的隔板,使得鱼道内部水流形成漩涡,增加水力损失来降低水流流速。丹尼尔的研究为之后的鱼道设计与布置提供了非常重要的参考,为了纪念他这一重要的研究成果,鱼道研究领域的科研工作者们将此种类型的鱼道命名为丹尼尔式鱼道。随着丹尼尔研究成果的公布,这种布置型式在西欧和北美等国家被广泛地应用在堰坝工程的鱼道建设中。

1938年,美国在其西部的哥伦比亚河上建成了Bonneville大坝,该工程修建了世界上第一座池堰式鱼道,同时该鱼道配备了大规模的集鱼系统,该鱼道运行效果良好,可以有效地帮助鲑鱼和鳟鱼顺利地上溯,是鱼道建设历史上的一次重大突破。

1943年,加拿大和美国合作在加拿大的弗雷赛河上修建了著名的鬼门峡鱼道(Hill's Gate),该鱼道是世界上第一座真正意义上的竖缝式鱼道,开创了竖缝式鱼道的先河。该鱼道的布置形式为双侧竖缝式,池室尺寸为6.1m×5.5m(长×宽),竖缝的宽度为0.6m,水流通过两个竖缝分别从两侧进入池室,两个竖缝出来的两股水流在池室中央形成碰撞消能以降低水流流速,同时挡板后形成回流区,流速非常小,该区域可供上溯鱼类休憩,该鱼道的建成很好地解决了鲑鱼洄游的问题。随着这两座典型鱼道的建成,之后的鱼道建设进入了高速发展的阶段。据不完全统计,至20世纪60年代,美国和加拿大两国建成的过鱼建筑物有200多座,西欧各国各种过鱼建筑物加起来有100余座,日本有35座,苏联有15座以上,并且这些过鱼建筑物基本上以鱼道方式为主。(图1.2-1)

1970年,澳大利亚在其境内的菲茨罗伊河(Fitzroy River)拦河坝上修建了第一座池堰式鱼道,但由于各种原因,该鱼道的过鱼效果不明显,1987年对该鱼道进行重新改造,但是改造后的过鱼效果并未有实质性改善。由于汲取了1990年10月在日本岐阜市召开的第一届国际鱼道讨论会的经验,澳大利亚在1994年把国内之前过鱼效果不佳的池堰式鱼道重新改造成垂直竖缝式鱼道,运行结果显示改造后的鱼道在过鱼种类和过鱼数量方面都有显著的增加。因此,澳大利亚政府决定将逐步把过鱼效果不好的池堰式鱼道改造成垂直竖缝式鱼道以增加过鱼量。

1999年,美国在其境内的詹姆斯河Bosher大坝建造了一条安装了电视摄像系统的竖缝式鱼道,摄像系统可以通过网络信号转播鱼道内的实际过鱼情况。该鱼道过鱼效果很好,据数据记载,建成的第一年,通过该鱼道的鱼类有20多种,数量6万余尾,2000年过鱼数量增长到11万余尾。随着人类对鱼类资源保护意识的不断增

美国邦纳维尔鱼道

加拿大鬼门峡鱼道

巴西伊泰普鱼道

图1.2-1　国外部分著名鱼道

强,鱼道的建设也越来越受到重视。到20世纪末期,鱼道的建设数量飞速增长,北美地区大概有400余座,日本则有1400余座,其中较高和较长的鱼道分别是美国的

北汊坝鱼道(爬升高度60m)和帕尔顿鱼道(全长4.8km)。世界上最高和最长的鱼道位于巴西巴拉那河上的伊泰普水电站,该鱼道建成于2002年底,爬升高度达120m,总长度达10km(其中6km为自然鱼道,4km为人工鱼道)。该鱼道设有监测装置,可以监测鱼道中的水温、水质及鱼类洄游情况。据统计,该鱼道每年能成功帮助40余种鱼类洄游产卵,过鱼效果良好。

1.2.2 国内鱼道建设现状

我国鱼道的建设相比于其他国家起步较晚,始于20世纪五六十年代。我国鱼道的建设可以分为3个时期:20世纪60—70年代的初步发展期、20世纪80—90年代的停滞期、21世纪初的二次发展期。

(1)初步发展期

我国在1958年规划江苏省富春江的七里垅水电站时首次提出鱼道的建设,同时进行了一系列相关的生态环境调查,通过水工物理模型进行了相关试验。1960年,在黑龙江省兴凯湖建成了总长度和宽度分别为70m、11m的新开流鱼道,运行发现过鱼效果良好。在汲取了新开流鱼道的成功经验后,1962年,鲤鱼港鱼道成功修建,1966年位于江苏省大丰县(现为盐城市大丰区)的斗鱼港鱼道成功修建,运行初期效果明显。1963年,水利电力部和水产部联合颁布了《在水利建设和管理上注意保护增殖水产资源的通知》。1974年,水利电力部和农林部联合召开了"水利工程过鱼设施经验交流会",进一步总结经验,推动了水利建设中水产资源的保护、增殖以及鱼道建设工作。由于经验的积累及过鱼效果的推动,鱼道的修建数量在逐步增长。据不完全统计,至20世纪80年代,我国在东南沿海的江苏、浙江及广东、湖南相继建成了40余座鱼道。其中比较著名的是1980年建成的位于湖南衡东县洣水河的洋塘鱼道,该鱼道上下游落差为4.5m,总长度为317m,在鱼道进口位置设置了集鱼系统,并配备过鱼观察室。根据观察,过鱼种类大约有45种,过鱼量达120余万尾。但后期由于泥沙淤积问题,鱼道池室内被阻塞,而且维护费用过高,该鱼道在1987年以后就不再运行。

(2)停滞期

20世纪80年代到90年代,在葛洲坝水利枢纽过鱼设施论证中,确认采取通过人工增殖放流的方式来保护中华鲟等珍稀鱼类,因此,该时期建设的水利水电工程均不再考虑鱼道的建设,之前建设的鱼道也因疏于管理与运行而处于荒废状态,鱼道建设进入了停滞期。

（3）二次发展期

近年来，随着人们生态环境保护意识的增强，鱼道的建设进入了二次发展期。该时期建设的鱼道有北京南沙河上的上庄鱼道、吉林珲春河上的老龙口鱼道、西藏狮泉河鱼道、湖北汉江上的崔家营鱼道、广西西江上的长洲鱼道、江西赣江上的峡江鱼道等。（图 1.2-2、表 1.2-1）

北京上庄鱼道

吉林老龙口鱼道

西藏狮泉河鱼道

湖北崔家营鱼道

广西长洲鱼道

江西峡江鱼道

图 1.2-2　国内部分著名鱼道

表 1.2-1　国内部分鱼道概况

序号	名称	所属流域	目标鱼类	坝高/水头 (m)	鱼道型式	鱼道长度 (m)	底坡	池室尺寸 (m,长×宽)	设计流速 (m/s)	过流流量 (m³/s)	建成年份	备注
1	峡江水利枢纽	赣江	四大家鱼及赤眼鳟、鳡鱼	28.7	竖缝+表孔结合	815	1:50	3.6×3	0.7~1.1	2.5	2015	鱼道布置在大坝右岸，设有集鱼系统补水系统及鱼类监测系统
2	湘江长沙综合枢纽	湘江	四大家鱼及鳊鱼、银鲴、团头鲂	39.7	垂直竖缝式	570	1:69	4×3	0.8~1.0	1.8	2014	鱼道布置在电站右岸，设有辅助集鱼系统、汇鱼池、补水管、鱼道观察室
3	枕头坝一级水电站	大渡河	齐口裂腹鱼、重口裂腹鱼、青石爬鮡、裸体鳅鮀、大渡河白甲鱼、侧沟爬岩鳅	86.5	垂直竖缝式	1241.74	1:30	2.5×2	1.1~1.25	0.767	2014	鱼道布置在左岸，设置辅助诱鱼设施及观测设施

序号	名称	所属流域	目标鱼类	坝高/水头 (m)	鱼道型式	鱼道长度 (m)	底坡	池室尺寸 (m,长×宽)	设计流速 (m/s)	过流流量 (m³/s)	建成年份	备注
4	丹东三湾水利枢纽	爱河	松江鲈鱼	9.16	垂直竖缝式	510	1:50	2×2	0.5~0.8	0.413	2014	鱼道布置在左岸
5	崔家营航电枢纽	汉江	四大家鱼及鳗鲡、长颌鲚、铜鱼	13	组合式横隔板	487.2	1:85	2.6×2	0.5~0.8	1.8~2.8	2012	鱼道布置在电站左岸,设有集鱼系统、汇合池、补水管、鱼道观察室,暗涵段利用灯光透鱼
6	老龙口水利枢纽	珲春江	马苏大马哈鱼、大马哈鱼、驼背大马哈鱼、日本七鳃鳗	44.5	垂直竖缝式	532.5	1:16	3×2.5	0.7~1.2	0.45~1.65	2011	鱼道布置在溢洪道内侧,设有观察室及供水系统
7	西牛航运枢纽	连江	鲂类、鲤、宽鳍、鳤、马口鱼、斑鳠	15.5	垂直竖缝式	134.64	1:18.5		1.4		2011	鱼道布置在排污闸孔和发电闸孔之间,并设有鱼类观测与监视系统

续表

序号	名称	所属流域	目标鱼类	坝高/水头(m)	鱼道型式	鱼道长度(m)	底坡	池室尺寸(m,长×宽)	设计流速(m/s)	过流流量(m³/s)	建成年份	备注
8	长洲水利枢纽	西江	中华鲟、鲥鱼、花鳗鲡、七丝鲚、白肌银鱼	最大水头15m	竖缝+底孔结合	1423	1:80	6×5	0.8~1.3	6.64	2007	长洲鱼道位于外江厂房安装间的左侧，外江土坝的右侧
9	西藏狮泉河枢纽	狮泉河	裂腹鱼亚科、条鳅亚科	32	垂直竖缝式	735	1:28	3.7×2.5	0.7~1.0	0.62~0.87	2007	鱼道与节制闸合建，建于闸上右岸
10	北京上庄新闸	南沙河	细鳞鱼、鳗鲡鱼、麦穗鱼、大鳞泥鳅、中华多刺鱼	6.5	垂直竖缝式	176.51	1:40	2.5×2	0.87	0.262	2006	鱼道布置在拦河闸右岸，具生态放流功能

1.3 研 究 内 容

1.3.1 仿生态鱼道调研

对国内已建成的仿生态鱼道进行深入调研研究,包括仿生态鱼道的布置形式(如过鱼孔宽度等)、设计参数(如过鱼对象、过鱼季节和运行水位、设计流速等)、过鱼效果等,总结鱼道建设的成功经验和失败教训。

1.3.2 过鱼对象游泳能力研究

针对目前对鱼类资源,主要过鱼对象生态习性、行为特点等方面基础信息不足的情况,开展典型流域的鱼类种类组成及天然水生态环境调查研究,确定典型流域过鱼对象,获得相关鱼类的生态习性、洄游规律、游泳能力等鱼类行为学指标。该研究成果可以为鱼道设计提供技术参数。

1.3.3 仿生态鱼道局部三维紊流数值模拟研究

根据调研成果选择过鱼效果较好的仿生态鱼道布置形式,建立鱼道局部池室三维紊流数学模型,获取仿生态鱼道不同池室结构布置型式(不同于过鱼孔宽度、隔板或漂石位置等)下的水流结构、流速分布、紊动能及涡量分布等水力指标特性,分析不同池室结构型式与关键水动力参数之间的关系,并与鱼道池室局部模型试验成果相互验证,优化池室结构布置形式。

1.3.4 仿生态鱼道局部物理模型试验研究

建立仿生态鱼道局部物理模型,对仿生态鱼道不同池室结构布置型式下的关键水动力特性进行研究,获取仿生态鱼道不同池室结构布置型式下的水流结构、流速分布等关键水动力特性,为数学模型提供模型参数率定,并与鱼道池室三维数学模型成果相互验证,优化池室结构布置型式。

1.3.5 仿生态鱼道布置型式的优化设计

根据仿生态鱼道池室水力条件(水流流速、水深、水流紊动强度)与其主要影响因素之间的响应关系、响应规律,结合鱼类生物学特征,对典型工程仿生态鱼道布置型式进行优化设计,改善鱼道的水力条件。

1.4 技 术 路 线

本书通过现场调研、资料分析、数模结合物理模型试验的方法,调研国内外鱼道主要型式和目前已建、正在设计的鱼道池室结构特点,通过总结过鱼对象的游泳能力、生态习性等鱼道设计参数指标,结合广泛采用的鱼道类型,对局部鱼道结构构建三维数学模型和物理模型试验。

本书结合数值模拟和物理模拟成果,分析不同仿生态鱼道池室结构的流态、流速、紊动能等水动力特性,研究关键水力学参数在鱼道池室内的变化规律,分析典型竖缝式仿生态鱼道的池室型式布置与水力学特性之间的关系,从池室宽度、竖缝间距、坡度、水深等布置型式方面进行优化设计。

2 仿生态鱼道调研

为全面了解和掌握目前不同鱼道型式的设计、运行及效果,本书采用文献调研结合现场调研的方式,选择有针对性、代表性的鱼道分析布置型式和设计参数,为仿生态鱼道的优化设计提供基础支撑。

2.1 鱼 道 型 式

传统鱼道型式主要有槽式鱼道和隔板式鱼道。隔板式鱼道分为堰流式鱼道、淹没孔口式鱼道、竖缝式鱼道、涵洞式鱼道和组合式鱼道。新型鱼道分为仿自然式鱼道和仿生态式鱼道。

(1) 槽式鱼道

丹尼尔式鱼道是典型的槽式鱼道,宽度较小,坡度大,长度也较小。(图2.1-1)在具有一定坡度的水槽中布置一些挡板和底坎,由一系列矩形斜槽组成,在槽边壁和底壁上设有间距很小的阻板和底坎,水流通过时形成反向水柱冲击主流,利用这些挡板和底坎对流动的水体进行消能和降低水流流速。此类鱼道适用于目标鱼类游泳能力较强且上下游水位差不大的情况。

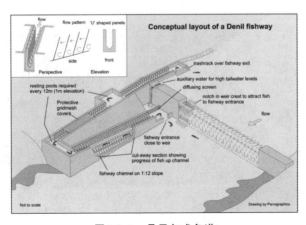

图 2.1-1 丹尼尔式鱼道

（2）堰流式鱼道

堰流式鱼道是隔板式鱼道的一种,利用矩形堰或者三角堰作为鱼道内的隔板,水流通过堰流的形式流向下一个池室,同时水流在下一池室内通过水垫作用进行消能,消能效果较好。此类鱼道适合的目标鱼类必须具有一定的跳跃能力。(图2.1-2)

图2.1-2　堰流式鱼道

（3）淹没孔口式鱼道

淹没孔口式鱼道是一种在槽身隔板上开设孔口并使孔口淹没在底层的鱼道。此类鱼道通过隔板和孔口进行消能,能适应水位的变化,但消能效果不够充分。淹没孔口式鱼道适用于喜好底层水体的目标鱼类的上溯洄游。(图2.1-3)

图2.1-3　淹没孔口式鱼道

（4）竖缝式鱼道

竖缝式鱼道是指在水槽两个边墙上设置隔板和导板，使两者之间形成竖缝，从而将水槽分为一系列池室的鱼道。根据竖缝的位置和数量，可将竖缝式鱼道分为同侧竖缝式鱼道、异侧竖缝式鱼道和双侧竖缝式鱼道。竖缝处水流的收缩扩散、池室内的回流和延长主流路径都是竖缝式鱼道的消能方式，消能效果也较为良好。竖缝式鱼道内水流特性呈明显的二元性，能适应喜好不同水深的鱼类的上溯，但也只能适应目标鱼类游泳能力相差不大的情形。（图2.1-4）

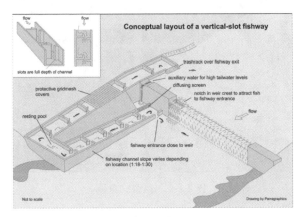

图2.1-4　竖缝式鱼道

（5）涵洞式鱼道

涵洞式鱼道是在涵洞内设置隔板形成一个个池室的鱼道，通过隔板的阻挡和制造回水进行消能以降低流速，从而帮助洄游鱼类顺利通过涵洞进行上溯。涵洞式鱼道的隔板有六种型式：偏移式隔板、堰槽式隔板、堰式隔板、扰流式隔板、阿尔伯达堰式隔板和阿尔伯达式隔板。（图2.1-5）

图2.1-5　涵洞式鱼道

（6）组合式鱼道

组合式鱼道为竖缝式鱼道与堰流式鱼道、淹没孔口式鱼道的组合形式,可以根据目标鱼类的生活习性和游泳能力进行灵活的组合。组合式鱼道具有一定的优势,但是也会出现较为复杂的流态,需要合理组合。组合式鱼道可以适应多种目标鱼类的上溯洄游,可以增加过鱼的种类和数量。(图2.1-6)

图2.1-6　组合式鱼道

（7）仿自然式鱼道

仿自然式鱼道是一种将天然的漂石、砂砾等布置在宽浅明渠中以接近天然河道的水流特性的鱼道。此类鱼道的水流特性更加符合目标鱼类的生活习性,因此具有较高的过鱼效率。(图2.1-7)

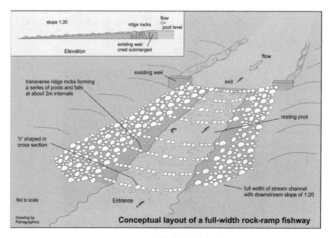

图2.1-7　仿自然式鱼道

（8）仿生态式鱼道

仿生态式鱼道秉承了传统鱼道的基本型式,在传统鱼道的基础上对材料和结构型式进行了优化,利用天然的漂石、卵石等做成生态石笼布置在渠道内,底部铺设砂石、卵石以提升糙率进行消能,模拟自然河流生境、流速分布和底质条件。此类鱼道不仅更加符合目标鱼类的生活习性,还能降低对生态环境的影响,保护和修复河流的生态廊道功能。(图2.1-8)

图2.1-8　宽浅型仿生态鱼道

仿生态式鱼道和传统工程型鱼道最主要也是最显而易见的区别在于二者的建筑材料、底部及边坡构造、环境条件、水流多样性、过鱼种类等,见表2.1-1。

表2.1-1　仿生态鱼道和传统工程型鱼道差异

差异表现	仿生态式鱼道	传统工程型鱼道	备注
建筑材料	蛮石、石块、砂砾、水草、柳枝等	水泥、钢筋混凝土	仿生态式鱼道建筑材料就地取材,具有环保性
底部及边坡构造	蛮石嵌入式、填石松散式、蛮石槛式构造,边壁粗糙	混凝土加固而成,结构光滑	粗糙的边壁利于小鱼、无脊椎底栖动物通过
环境条件	融入周围的景色,灌木树荫为鱼儿提供隐蔽处	对环境的改善作用不明显	周围树木利于边坡稳定
水流多样性	深潭、浅滩形成急流或溪流,产生多样水流	水流结构相对具有单一性	粗糙的建筑材料及构造形成水流的多样性
过鱼种类	多种类不同游泳能力的鱼类上溯	过鱼种类单一	满足多种鱼类上溯要求

2.2 国内部分典型鱼道

2.2.1 重庆开县小江鱼道

（1）鱼道设计条件

过鱼目标：主要有鲤鱼、鲫鱼、白甲鱼、青波鱼、圆口铜鱼等，其中有国家珍稀鱼类白甲鱼。过鱼季节：鱼类产卵期多为3—5月。

（2）鱼道布置

鱼道采用潜孔堰隔板式结构，并将鱼道置于左岸。鱼道沿左岸岸坡向下游逐步上升，至237.6m处折回，再逐步上升至拦河坝上游水库中。鱼道坡度为1∶30，总长度为451m。调节坝鱼道运行水位为上游水位168～169m，下游水位154.5～156.5m。（图2.2-1）

鱼道池身宽度为2.5m。鱼道进口高程为152.5m，此处鱼道按2m水深考虑。鱼道池身段采用阶梯式渠道结构，沿左岸下游岸边逐步上升，至桩号k0+237.6处折回，上升至上游水库中。鱼道池身宽度2.5m，隔板间距3m，休息池长度6m。根据实际布置，鱼道实际长度451m，坡度为1∶30。由于下游河床较高，鱼道两侧高程差较大，故鱼道进口段采用钢筋混凝土结构，兼具挡土墙的作用。进口与防冲槽边坡采用锥坡连接，使得水流平顺过渡。

图2.2-1　开县小江鱼道

2.2.2 长洲水利枢纽工程鱼道

（1）枢纽概况

长洲水利枢纽位于西江干流大藤峡至高要段的浔江下游,坝址在梧州市上游12km处的长洲岛端部。长洲水利枢纽的开发以发电为主,兼有航运、灌溉、供水、旅游等综合利用效益。长洲水利枢纽于2003年12月开工,2007年8月开始下闸蓄水,2009年10月15台机组已全部完成安装并投入发电试运行。

（2）鱼道设计条件

过鱼目标:水利枢纽由泗化洲岛鱼道与外江和内江两座电栅组成一个"拦鱼-导鱼-过鱼"的鱼类保护系统,其规模大、水头高、长度长,属国内第一,又是我国第一座以拦导中华鲟为主的拦鱼过鱼系统。设计的过鱼对象为中华鲟、鲥鱼、七丝鲚、鳗鲡、花鳗鲡、白肌银鱼六种。过鱼季节:根据过鱼种类的生活习性,考虑各种鱼类的产卵期及上溯期,为1—4月。

水位条件:上游20.6m,下游平均低水位5.28m,平均高水位111.95m,最大设计水位差15.32m。

（3）鱼道布置

长洲鱼道由池室、挡洪闸、下游入口闸、上游出口闸、诱鱼设施、观察室等部分构成。鱼道结构平面布置图见图2.2-2。鱼道池室为分离式结构,由两侧边墙和底板组成。边墙顶宽0.8m,底宽2.8m,底板厚0.8m。为满足施工进度和鱼道流速、流态的需要,边墙和底板大部分采用混凝土,仅在鱼道内侧砌筑厚0.4m的浆砌石,形成便于鱼类上溯的环境。每级水池均设预制混凝土隔板,隔板由一侧"竖孔-坡孔"和一侧底孔组成,交错布置。底孔尺寸1.5m×1.5m,"竖孔-坡孔"宽1.5m。水池宽5m,长6m,池室水深3m,底坡$i=12.55‰$,共设198块横隔板、9个休息池,休息池底板为平底,其长度为12.4～34.252m。观测室段位于靠上游坝轴线附近,该段为平底、矩形,长14m,宽9m。观测室位于中部,呈岛形布置,上下游侧为半圆形钢筋混凝土墙,两侧为钢化玻璃观测窗。(图2.2-2、图2.2-3)

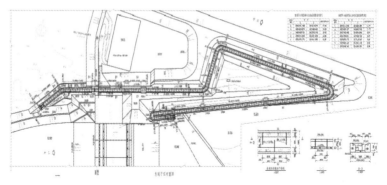

图 2.2-2　长洲鱼道结构的平面布置图

图 2.2-3　长洲鱼道

2.2.3 太平闸鱼道

（1）工程概况

太平闸位于扬州市东郊的太平河,建成于1972年,系淮河入江水道整治工程之一。1971年11月开工建设,1972年8月竣工,2002年11月至2003年3月进行了加固改造,更换闸门启闭机,闸墩、排架防碳化处理,工作桥更换,公路桥、工作便桥裂缝处理,增设启闭机房,电气设备更新改造,增加自动控制、视频系统。2012年2月至2013年2月对24孔反拱底板全部进行加固,采用C25混凝土将闸室底板下游反拱段填平。全闸共24孔,每孔净宽6m,闸室总宽167m,闸身结构型式以"轻""薄"

"拱"为主要特点。闸底板为钢筋混凝土连续反拱结构,并与岸墙连成整体,24孔不分缝。上扉门为钢丝网水泥板梁结构,下扉门为双曲扁壳结构。2000年对该闸进行了安全鉴定,评定为三类水闸。太平闸也是扬州市区通往江都的陆路交通咽喉要道。

（2）鱼道设计条件

过鱼目标:经济型鱼类青、草、鲢、鳙、鳗鱼及河蟹等。过鱼季节:太平闸鱼道主要过鱼季节为每年2—7月,对象主要为幼鱼及蟹苗。

水位条件:上游水位4m,下游水位1m,设计水位差3m,设计流速0.5～0.8m/s。

（3）鱼道布置

太平闸鱼道是长江鱼类上溯邵伯湖、高宝湖、洪泽湖的主要闸口,为江苏省水头最大、长度最长的鱼道。根据地形位置的条件,太平闸鱼道设计了2个进口、1个出口。太平闸鱼道的2个进口,一个位于太平闸上,一个位于万福闸下,然后通过交会池出于太平闸上,其他鱼道都是只有1个鱼道槽、1个进口、1个出口。鱼道横断面为"梯-矩形"组合,孔口式为梯形孔。太平闸鱼道有2m、3m及4m三段。布置鱼道设在大闸边孔或岸边平台,进口伸出闸外。(图2.2-4)

| 鱼道入口 | 鱼道入口处闸门 | 鱼道部分拍摄图 |
| 中段水池与三方向鱼道交汇处 | 观察井 | 鱼道转角拍摄图 |

图2.2-4　太平闸鱼道

| 鱼道部分拍摄图 | 鱼道部分拍摄图 | 鱼道部分拍摄图 |

续图 2.2-4　太平闸鱼道

2.2.4 广西右江鱼梁航运枢纽鱼道

（1）枢纽概况

广西右江鱼梁航运枢纽位于广西百色市田东县城下游7km的英和村右江河段上，距百色市约87km，距南宁市约187km，控制集雨面积29243km²，是郁江干流综合利用规划的第五个梯级，是一座以航运为主，结合发电，兼顾灌溉、供水、水产及其他方面的需要，进行综合开发、综合治理的水资源综合利用工程。枢纽布置有船闸、拦河坝、水电站及鱼道等工程，正常蓄水位99.5m，死水位99m。船闸为1000t级，有效尺度190m×23m×3.5m，拦河坝共9孔，每孔净宽16m，电站布置3台发电机组，装机容量60MW。

（2）鱼道设计条件

过鱼目标：主要是"四大家鱼"，同时兼顾河海洄游鱼类及其他鱼类。过鱼季节：4—7月。

（3）鱼道布置

鱼梁航运枢纽鱼道工程布置在右侧岸坡上，位于水电站右侧，由鱼道、集鱼系统、补水系统、防洪设施及其他辅助设施组成。鱼道进鱼口布置在发电机组尾水处，出鱼口布置在鱼道最上游端。（图2.2-5）

本枢纽过鱼设施采用竖缝式鱼道，鱼道运行水头10.75m，坡降1.62%，总长754.3m。上游明渠段布置在上游水电站右侧边导墙上，枢纽正常蓄水位时，鱼道最小设计水深2.5m，净宽3m，鱼道顶高出正常蓄水位1m，布置了1个鱼道出口、29个鱼池、4个休息池、1个观察室。鱼道出口布置在最上端、水电站拦污栅上游，观察室布置在下游近岸端，设2个观察窗。中间暗涵段布置在岸坡内、防渗刺墙之外，绕发电厂房布置，呈"凹"字形，布置了43个鱼池、6个休息池、1条人行维护通道及防洪设施。下游明渠段结合电站下游右侧边导墙进行布置，呈"爬梯"折返式布置，共4段折返,其中2段布置在边导墙上,另2段布置在边导墙岸侧回填料上,布置了107个鱼池,12个休息池。

鱼池净尺寸为3m×3m,上、下游各布置1块横隔板和1块导流板,横隔板与导流板间设置竖缝,竖缝宽60.3m,休息池每隔10个池室设1个休息室,其长度为池室的2倍,池室底部全长采用浆砌法铺设厚20cm的鹅卵石或石块,粒径10~20cm。进鱼口布置在集鱼槽下游侧,设主进鱼口2个,相应孔口尺寸为0.8m×1.5m,运行水位区间均可进鱼,同时设置对应不同水位进鱼口两排6个,对应孔口尺寸分别为0.6m×1m、0.8m×1m。

图 2.2-5 右江鱼梁鱼道

2.2.5 汉江兴隆鱼道

(1)枢纽概况

兴隆水利枢纽位于汉江下游,是南水北调中线工程配套汉江中下游4项治理工程之一,通过兴隆水利枢纽壅高水位,可实现汉江梯级渠化,改善航道条件,提高汉江通航等级,同时也可有效增加南水北调中线工程的可调水量。兴隆水利枢纽由泄水闸、船闸、电站厂房、鱼道及连接交通桥等主要建筑物组成,其中兴隆船闸为单线一级船闸,闸室有效尺寸180m×23m×3.5m。兴隆枢纽建成后,能渠化库区76km航道,使该河段通航等级达到1000t级。

（2）鱼道设计条件

过鱼对象：洄游性鱼类鳗鲡、长颌鲚；半洄游性鱼类（草鱼、青鱼、鲢、鳙、铜鱼、鲴、鳡等）的亲体和成体。过鱼季节：根据已调查的汉江洄游性鱼类、半洄游性鱼类现状，结合兴隆水利枢纽工程特点，主要过鱼对象的过坝时段为每年的5—8月。

水位条件：上游正常水位为36.2m，下游运行水位为30.7m，设计水头为5.5m。

（3）鱼道布置

兴隆水利枢纽鱼道目前设计采用的是一种典型的淹没孔口式横隔板鱼道，布置于安装场的右侧。鱼道设计全长为334.4m(不含进出口)，设有117级池室，含106级过鱼池、11级休息室。每隔10级过鱼池布置1级休息池。过鱼池底坡为2%，长2.6m，宽2m；休息池底坡为0%，长为4.88～5.2m，宽2m。鱼道的设计流速为0.4～0.8m/s，池室内的设计水深为0.6～2.5m。两种横隔板相互交错布置，每个隔板设有3个过鱼孔。(图2.2-6)

图2.2-6　汉江兴隆鱼道

2.2.6 西藏拉洛水利枢纽鱼道

（1）枢纽概况

西藏拉洛水利枢纽及配套灌区工程位于西藏自治区日喀则市西部,包括拉洛水利枢纽和申格孜、扯休、曲美、聂日雄四大配套灌区。申格孜、扯休、曲美和聂日雄四大配套灌区的农田、草地、林地,面积50余万亩(1亩≈666.67平方米)。拉洛水利枢纽工程任务是灌溉兼顾供水、发电和防洪,并促进改善区域生态环境。

拉洛水利枢纽水库总库容3.954亿 m^3,大坝为沥青混凝土心墙砂砾石坝,最大坝高68.5m,德罗电站装机38MW,为引水式厂房;拉洛电站装机1MW,为坝后引水式厂房。为大(Ⅱ)型水利工程,工程等别定为Ⅱ等。

（2）枢纽布置

过鱼目标:主要过鱼对象是异齿裂腹鱼、双须叶须鱼、拉萨裂腹鱼和拉萨裸裂尻鱼四种,黑斑原鮡、巨须裂腹和尖裸鲤可作为兼顾过鱼对象。

过鱼季节:3—8月。水位条件:鱼道上游最高运行水位为正常蓄水位4298m,最低运行水位为死水位4287m;下游最高运行水位为4260.51m,最低运行水位为4258.13m(生态流量8.5 m^3/s)。鱼道的最大工作水头为39.87m,最小工作水头为26.49m;上游水位变幅12m,下游水位变幅2.38m。

（3）鱼道布置

拉洛鱼道布置在电站厂房尾水渠的左侧边坡上,设有1个进鱼口以及6个出鱼口,全长约为2194m,主要建筑物包括进鱼口、过鱼池、休息池和出鱼口等。(图2.2-7)

鱼道下游进鱼口设置在拉洛电厂尾水渠左岸末端,进鱼口段底板顶高程4257.2m,宽2m,长15m,设1道检修闸门,墙顶高程4262.2m。与鱼道进鱼口段衔接的电站尾水渠底部高程4257m,底宽7m,两岸边坡的坡度为1:1.5,进鱼口段轴线与尾水渠轴线交角为30°。

过鱼池采用整体U形结构,建基面宽4m,槽宽2m,左右边墙各宽1m,两侧边墙之间以50cm×50cm拉杆连接。单个过鱼池长2.5m,底坡为1:50,每间隔20个过鱼池设置一个长5m、底坡为1:100的休息池。坝轴线下游鱼道过鱼池段及鱼道进鱼口段总长约1510m。

鱼道上游设6个出鱼口,出鱼口净宽2m,按照底高程由低至高编号为1#～6#。

1#~4#出鱼口闸门上部设胸墙挡水,并在门前设检修门槽;5#、6#出鱼口闸门由于底部高程较高,可利用库水位低于出鱼口底高程的间期检修工作闸门,不设检修门槽。

鱼道采用同侧导竖式隔板型式,鱼道隔板数量为792个,其基本参数为设计坡度2‰、池宽2m、池长2.5m、池室水深1.2~3.4m、竖缝宽度0.35m、射流角(初定)45°、竖缝孔口流速控制0.74~0.98m/s。

图2.2-7 拉洛水利枢纽

2.2.7 黑龙江诺敏河阁山水库仿生态式鱼道

(1) 枢纽概况

阁山水库位于黑龙江省绥化市绥棱县境内呼兰河右岸支流诺敏河上游,是一座以农业灌溉、城镇供水为主,兼顾防洪、发电等综合利用的大(Ⅱ)型水利枢纽工程。阁山水库占地7.65万亩,正常蓄水位230m,设计总库容4.04亿m³,兴利库容为2.19亿m³,防洪库容0.81亿m³,河床布置黏土均质坝,最大坝高18.1m,坝顶长3246m。右岸布置溢洪道、诺西灌溉输水洞、发电引水建筑物及电站厂房;左岸布置诺东灌溉输水洞,坝下布置鱼道。

(2) 枢纽布置

过鱼目标:主要是洄游鱼类鲑科中的哲罗鲑和细鳞鲑等冷水性鱼类。过鱼季节:每年4—7月,在全年中的其他时间,鱼类也可以根据生活习性需要通过过鱼设施过坝。

水位条件：鱼道上游运行水位为229～230m，下游运行水位为215.63m。鱼道运行作用的最大设计水头差为14.37m。

（3）鱼道布置

阁山水库鱼道型式为仿生态式鱼道，其进口布置在老河道电站尾水渠左侧，在溢洪道左侧顺溢洪道轴线方向布置50m，经100m半径的36°角转弯远离溢洪道的干扰，顺直210m，经100m半径的35°角转延近似平行大坝布置，在鱼道桩号1+300处再经100m半径转弯向大坝下游偏离，鱼道桩号2+500处经300m半径转弯折回上游，在大坝左端经50m半径转弯入库。鱼道经过诺东输水洞的尾水渠，延尾水渠设一倒虹吸，使鱼道平顺通过。（图2.2-8）

鱼道底宽5m、两侧边坡1:1.5，池室深度取2.5m，底坡比1:200，鱼道全长3.5km。鱼道出口设置控制闸门，闸室长度为6m，闸室净宽为5m，闸室上部为启闭机室，用以控制闸门启闭。鱼道设有2个观察室，1号观察室设在鱼道进口处，2号观察室设在过鱼设施的中段。

图2.2-8　阁山水库仿生态鱼道模型

2.3 已建鱼道运行情况分析

鱼道等过鱼设施投入运行后，通常会由于各种原因难以达到预期的效果，因此，对过鱼设施的效果监测尤显重要。通过对过鱼设施的效果进行监测和评估，分析设计、建设过程中存在的问题,可以为鱼道功能完善和优化以及运行管理提供依据和积累经验,为设计提供实例参数。例如,莱茵河上的依弗系门水电站,于1978年建成投产发电,原有鱼道过鱼效果并不理想。1998—2000年,水电站重新建设了一条长300m、水头11m的新鱼道,2000年建成投入运行后便发现了洄游鱼类,之后几年通过连续监测,发现每年有7000～21000尾鲑鱼回溯到上游。

在国内,围绕过鱼设施运行的效果监测尚未系统、全面地开展,缺乏对过鱼设施有效性评估的基础监测资料。本书结合文献查阅和现场考察已建水利工程鱼道,对国内部分已建鱼道的运行时间、主要过鱼对象、运行效果进行分析,见表2.3-1。

表 2.3-1　部分水利工程已建鱼道运行效果分析

序号	项目名称	所在河流	鱼道类型	主要过鱼对象	运行效果
1	广西长洲水利枢纽鱼道	珠江流域西江干流	横隔板式	中华鲟、鳗鲡、花鳗鲡	试运行期间过鱼18种,以刺眼鳟、瓦氏黄颡鱼、鲮鱼为优势种群。主要过鱼对象目前尚未观测到。根据2011—2014年的监测结果,采获累计40种,鱼道中优势种为瓦氏黄颡鱼、赤眼鳟、鳘条等,出现洄游性种类有花鳗鲡、鳗鲡、弓斑东方鲀及四大家鱼,其中鲢的数量较多
2	老龙口水利枢纽鱼道	珲春河	垂直竖缝式	马苏大麻哈鱼、大麻哈鱼	老龙口鱼道运行时间较短,缺乏效果监测资料,通过鱼道的鱼类种类和数量暂无统计数据。现场由观察室发现有5～8种鱼类通过鱼道上溯,但未发现马苏大麻哈鱼、大麻哈鱼等主要过鱼对象
3	青海湖沙柳河鱼道	沙柳河	阶梯形鱼道	青海裸鲤	考虑到裸鲤游泳与跳跃能力相对较小,2008年、2010年数次改进,监测高峰时段每分钟通过鱼道上溯裸鲤亲鱼37～39尾,同方向铺设挡水板每分钟通过鱼道上溯裸鲤亲鱼37尾,相对交替铺设挡水板每分钟通过鱼道上溯裸鲤亲鱼39尾,过鱼效果良好

续表

序号	项目名称	所在河流	鱼道类型	主要过鱼对象	运行效果
4	连江西牛航运枢纽鱼道	连江干流	垂直竖缝式	鲌类、鲤、宽鳍鱲、马口鱼、斑鳠	2011年试运行中过鱼种类17种,其中斑鳠和银鲴约占总尾数的80%,大部分为过鱼对象。2012年3—8月监测,累计监测到38种鱼类,银鲴、乐山小鳔鲌、子陵吻鰕虎等小型鱼为优势类群,其中以银鲴最多,约占总尾数的38.25%。捕获鱼类以定居性鱼类为主,江河洄游性鱼类仅有草鱼1尾,河口长途洄游鱼类未监测到
5	湖南洋塘鱼道	湘江涨水	横隔板式	草鱼、鲤、黄尾鲴、赤眼鳟、青鱼、细鳞斜颌鲴、银鲴等	1981—1983年145天的监测,过鱼种类达5目13科33属45种,过鱼数量达128万余尾。1984年以后洋塘鱼道基本停止运行

2.4 小　　结

过鱼设施主要类型有仿自然式过鱼通道、鱼道、鱼闸、升鱼机、集运鱼系统或组合方案等,各种过鱼设施的过鱼原理不同,优缺点也不尽相同。

国内已建及在建鱼道以竖缝式鱼道为主,仿生态式鱼道所占比例较小。以现有的鱼道运行与监测情况分析资料来看,国内重视鱼道前期设计及建造,对鱼道的后期运行维护不足,对鱼道进行监测及效果评估较少,鱼道的设计优化还需要根据过鱼对象的生物学特征进行适应性改进。

3 水利水电工程对水生生态的影响分析

本章通过分析扎拉水电站、宗通卡水利枢纽工程、青峪口水库工程对水生生态的影响,提出开展鱼道建设的必要性。《中华人民共和国水法》第27条规定,在水生生物洄游通道修建永久性拦河闸坝,建设单位应当同时修建过鱼设施,或者经国务院授权的部门批准采取其他补救措施。《中华人民共和国渔业法》第32条规定,在鱼、虾、蟹洄游通道建闸、筑坝,对渔业资源有严重影响的,建设单位应当建造过鱼设施或者采取其他补救措施。因此,为了减缓大坝对河流的阻隔影响,有必要设置过鱼设施。

3.1 扎拉水电站对水生生态的影响

3.1.1 水生生态现状

3.1.1.1 鱼类区系组成与分布特征

根据相关文献资料记载,综合以往调查研究资料和现状调查结果,调查区域分布的鱼类种类共有15种,其中鲤形目鲤科裂腹鱼亚科鱼类3属4种,其中裂腹鱼类中原始类群的裂腹鱼属2种,中间类群的叶须鱼属及特化类群的裸裂尻鱼属各1种;鲤形目鳅科条鳅亚科高原鳅属鱼类8种,多为广布种;鲤形目鲤科野鲮亚科鱼类1种;鲇形目鮡科2属2种,其中原鮡属、褶鮡属各1种(表3.1-1)。上述15种鱼类中,怒江裂腹鱼(*Schizothorax nukiangensis*)、贡山裂腹鱼(*Schizothorax gongshanensis*)和贡山鮡(*Pareuchiloglanis gongshanensis*)为怒江的特有种类。小眼高原鳅(*Triplophysa microps*)为2008年玉曲水电规划阶段调查到的新记录种,在西藏怒江水系为首次发现。

表 3.1-1　玉曲河流域鱼类分布名录

种类	拉丁名	历史记载	2008年调查	2013年调查	2017年调查	2018年调查
(一)鲤形目	Cypriniformes					
1.鲤科	Cyprinidae					
裂腹鱼亚科	Schizothoracinae					
(1)怒江裂腹鱼★	*Schizothorax nukiangensis*	+	+	+	+	+
(2)贡山裂腹鱼★	*Schizothorax gongshanensis*	+	+	+		
(3)裸腹叶须鱼	*Ptychobarbus kaznakovi*	+	+	+	+	
(4)温泉裸裂尻鱼	*Schizopygopsis thermalis*	+	+			+
野鲮亚科	Labeoninae					
(5)墨头鱼	*Garra pingi pingi*					+
2.鳅科	Cobitidae					
条鳅亚科	Nemacheilinae					
(6)东方高原鳅	*Triplophysa orientalis*	+	+			+
(7)细尾高原鳅	*Triplophysa stenura*	+	+	+		
(8)拟硬刺高原鳅	*Triplophysa pseudoscleroptera*	+				
(9)异尾高原鳅	*Triplophysa stewarti*	+	+			+
(10)短尾高原鳅	*Triplophysa brevicauda*	+	+			
(11)斯氏高原鳅	*Triplophysa stoliczkae*	+	+			
(12)圆腹高原鳅	*Triplophysa rotundiventris*	+				
(13)小眼高原鳅	*Triplophysa microps*		+			
(二)鲇形目	Siluriformes					
3.鲱科	Sisoridae					
(14)札那纹胸鲱	*Glyptothorax zainaensis*	+				+
(15)贡山鲱★	*Pareuchiloglanis gongshanensis*	+				
总计(种)		14	10	4	2	6

注:带"★"的鱼类为怒江水系特有种,2017年调查到高原鳅但未鉴定到种。

玉曲河流域鱼类区系结构相对简单,主要由三大类群组成:鲤形目(Cyprini-formes)鲤科(Cyprinidae)的裂腹鱼亚科(Schizothoracinae)、鳅科(Coitidae)的条鳅亚科(Nemacheilinae)和鲇形目(Siluriformes)的鮡科(Sisoridae)。其中,裂腹鱼亚科有4种,占该流域鱼类总数的26.7%;条鳅亚科8种,占53.3%;鮡科2种,占13.3%。

2018年在玉曲河口调查到的墨头鱼为该区域十分罕见的种类。

玉曲河流域鱼类区系简单,其种类分布也与河流生境特点相关,呈现出一定的分布特征。

一般认为裂腹鱼类是由于青藏高原隆起而由原始鲃亚科鱼类进化而形成的。裂腹鱼类分为3个特化等级:①原始等级,包括裂腹鱼属、裂鲤属、扁吻鱼属,主要分布在青藏高原边缘,分布海拔相对较低,一般在2000m左右;②特化等级,包括重唇鱼属、叶须鱼属等,分布海拔中等,主要分布在海拔3000~4000m的高原地区;③高度特化等级,包括裸鲤属、尖裸鲤属、裸裂尻鱼属等,分布海拔较高,可分布于海拔4500m左右的高原河流和湖泊。

鮡科鱼类分布海拔一般相对裂腹鱼、高原鳅等较低,主要分布在海拔1000~3000m的区域,分布海拔最高的是雅鲁藏布江的黑斑原鮡,可分布至海拔3800m左右的区域。

根据2008年、2013年、2016年、2017年和2018年调查成果,玉曲河河流生境呈以下特征:从河源至邦达(海拔约4100m)为典型高原河流源头区,河谷开阔,水流平缓,河流蜿蜒曲折,多汊流,两岸湿地发育,为高原鱼类提供了较好的繁殖、索饵、育肥的场所,此处主要分布的种类有分布海拔较高且适应静缓流生境的高原鳅属、裸裂尻鱼属鱼类;邦达至左贡(海拔约3800m),河谷渐收缩,水流流速变快,但大部分河道仍然有较开阔的河滩,且心滩发育,底质以砾石、粗砂质为主,是裂腹鱼等产黏性卵鱼类的重要产卵场和索饵场,主要分布的种类有温泉裸裂尻鱼、裸腹叶须鱼、高原鳅等;左贡至扎玉(海拔约3400m),两岸山势渐陡峭,河谷进一步收窄,水流较急,适于裂腹鱼、鮡科鱼类栖息,局部砾石滩适于裂腹鱼类产卵繁殖,而局部的洇水湾、二道水则适于鮡科鱼类产卵繁殖,主要分布的种类以温泉裸裂尻鱼、裸腹叶须鱼、高原鳅为主,怒江裂腹鱼、鮡科鱼类较少;扎玉以下至河口(海拔约1850m),两岸山势更加高耸,河谷深切,为典型的峡谷河段,水流湍急,在跌水以及一些巨石底质附近形成洇水和二道水,适于鮡科鱼类产卵繁殖,局部水流相对较缓、砾石底质、洲滩较发育的河段也适于裂腹鱼类产卵繁殖,峡谷河段水深较深,也是一些鱼类重要的越冬场,该河段主要分布的种类有怒江裂腹鱼、贡山裂腹鱼、高原鳅等,该区域也是鳅科鱼类在玉曲河的主要分布区域,但其资源量较少,裸腹叶须鱼、温泉裸裂尻鱼等分布海拔较高的种类在该河段数量极少。

3.1.1.2 鱼类生活史特征

调查水域海拔高,气候寒冷,水流湍急,生活于该水域的鱼类也相应形成了一系列与环境相适应的生活史特征。它们多能适应峡谷河道的急流生活,体形一般较长,以克服激流的冲击,具有较强的游泳能力;生长缓慢,性成熟晚;繁殖水温较低,繁殖季节相对较早,以便当年幼鱼有较长的生长期。由于高原河流外源营养低、水温低,饵料生物贫乏,大多数鱼类以刮取着生藻类或以底栖动物为食。

(1)繁殖习性

关于玉曲河鱼类生物学特征的研究较少,通过查阅相关文献资料并结合现场调查走访情况,对玉曲河鱼类繁殖习性总结如下。

裂腹鱼类对产卵生境要求不高,它们多数产黏沉性卵,一般需要在砾石底质、水流较缓的"滩"和"沱"里产卵。有的裂腹鱼甚至在河滩的沙砾中掘成浅坑,产卵于其中。这类鱼的卵产出后,一般发育时间较长,面临的最大危险是低层鱼类的捕食。不过,由于卵散布在砾石滩上,大部分掉进石头缝隙中,可以减少受伤害的风险。此外,砾石浅滩的溶氧丰富,水质良好,有利于受精卵的正常发育。鳅科中的贡山鳅、扎那纹胸鳅卵有微弱黏性,也需要在砾石堆中孵化,产卵场多位于峡谷河段急流与缓流之间的区域,当地称之为"二道水"。

高原鳅等一些小型种类,它们个体较多,散布于不同的河段、支流等各类水体,完成生活史所要求的环境范围不大,它们主要在沿岸带适宜的小环境中产卵。

根据《西藏鱼类及其资源》(西藏自治区水产局,1995年)记录,裸腹叶须鱼繁殖期为4—5月,怒江裂腹鱼繁殖旺季为5—6月,温泉裸裂尻鱼繁殖期为5—6月。

根据相关文献,雅鲁藏布江尖裸鲤在水温为9.5~11.8℃时,胚胎发育历时265h;拉萨裸裂尻鱼在水温为9.5~11.1℃时,胚胎发育历时295h;拉萨裂腹鱼在水温为10~12℃时,胚胎发育历时264h;异齿裂腹鱼在水温为12.1~13.8℃时,胚胎发育历时265h。据此判断裂腹鱼类的繁殖水温为9.5~14℃。鳅科鱼类繁殖水温相对较高,根据文献,雅鲁藏布江黑斑原鳅繁殖水温为12~15℃,繁殖时期为5—6月,以此作为玉曲河两种鳅科鱼类的繁殖水温的参考。

玉曲河无长年水温数据,根据对扎拉坝址处的几次水温监测数据,2016年3月

27日为6.3℃,2013年5月10日为10.5℃,2016年6月19日为11.2℃,并结合《西藏鱼类及其资源》对裸腹叶须鱼、怒江裂腹鱼、温泉裸裂尻鱼繁殖时期的记录,判断玉曲河下游鱼类的繁殖期:裂腹鱼类的繁殖期为4—6月,其中5—6月为繁殖盛期;鮡科鱼类的繁殖期为5—7月,其中6—7月为繁殖盛期。

（2）食性

高原鱼类生长缓慢,据《西藏鱼类及其资源》记载,1尾达到性成熟、体重100g左右的鱼,一般需要4~5年的生长时间;体重500g的鱼需要生长10年或更长时间。其主要原因是高原水体水温低、饵料生物少,导致鱼类生长发育缓慢,特别是在冬季,水温更低,饵料生物更为贫乏,鱼类几乎停止摄食,一般集中于深潭越冬,生长极为缓慢;春季来临,水温升高,饵料生物渐丰富,鱼类开始觅食生长。

从食性上看,玉曲河流域鱼类可以大致划分为3类。①主要摄食着生藻类的鱼类,如裂腹鱼亚科及条鳅亚科高原鳅的某些种类。它们口裂较宽,近似横裂,下颌前缘多具锋利角质,适应刮取生长于石上的着生藻类的摄食方式,主要有怒江裂腹鱼、温泉裸裂尻鱼等。②主要摄食底栖无脊动物的鱼类,如鮡科鱼类和裂腹鱼亚科的一些种类。它们的口部常具有发达的触须或肥厚的唇,用以吸取食物。所摄取的食物,除少部分生长在深潭和缓流河段泥沙底质中的摇蚊科幼虫和寡毛类外,多数是在急流的砾石河滩石缝间生长的毛翅目、翅目和蜉蝣目昆虫的幼虫或稚虫。这一类型的鱼类有裸腹叶须鱼、贡山鮡、扎那纹胸鮡等。③杂食性鱼类,多以藻类植物和底栖动物为食,如斯氏高原鳅、拟硬刺高原鳅。

（3）洄游习性

鱼类为了繁殖、索饵和越冬,往往会在干流上下游、干支流间进行距离不等的迁移或洄游,裂腹鱼类经过长期自然选择,在春季冰雪融化、水温升高时,亲鱼会溯河寻找合适的基质及水流条件繁殖。其通常在水流相对较缓的砾石底浅滩上产沉黏性卵,受精卵落入砾石缝中,在水流冲刷刺激下孵化,此处溶解氧高,有利于受精卵孵化,且在石缝中能够躲避敌害。仔鱼孵出后则顺水而下,在岸边浅滩等静缓流处索饵生长。冬季来临时,水位下降、水温降低,鱼类会顺水而下寻找河流的深水区越冬。调查区域内的4种裂腹鱼均具有一定的繁殖、索饵和越冬洄游习性。鮡科鱼类和高原鳅属鱼类均为定居性种类,一般仅在小范围内迁移活动。

裂腹鱼类在3月即开始生殖洄游;4月进入初始繁殖期;5—6月进入繁殖旺盛期;4—9月水温相对较高,是裂腹鱼类的生长期,其中5—8月是一年中水温最高、水量最大的时期,由于洪水作用,带入大量有机质,饵料资源丰富,是裂腹鱼类生长旺盛期;10月水温开始显著下降,裂腹鱼类开始越冬洄游;11月至次年2月,进入越冬期。鮡科鱼类由于其繁殖要求水温较高,5月进入繁殖期,6—7月为繁殖盛期,与裂腹鱼类相似,4—9月为生长期,其中5—8月为生长旺盛期,10月逐渐开始进入越冬期,直至次年3月。(表3.1-2)

表 3.1-2　玉曲河主要鱼类周年内重要生活史过程

月份	1	2	3	4	5	6	7	8	9	10	11	12
裂腹鱼	越冬		生殖洄游	初始繁殖	繁殖旺盛期					越冬洄游	越冬	
					生长旺盛期							
				生长期								
鮡科鱼类	越冬				初始繁殖	繁殖旺盛期				越冬		
					生长旺盛期							
					生长期							

3.1.1.3 鱼类"三场"分布

根据2008年、2013年、2016年、2017年、2018年调查成果,玉曲河河流生境呈以下特征:从河源至邦达(海拔约4100m)为典型高原河流源头区,河谷开阔,水流平缓,河流蜿蜒曲折,多汊流,两岸湿地发育,为高原鱼类提供了较好的繁殖、索饵、育肥的场所,此处主要分布的种类是分布海拔较高且适应静缓流生境的高原鳅属、裸裂尻鱼属鱼类;邦达至左贡(海拔约3800m),河谷渐收缩,水流流速变快,但大部分河道仍然有较开阔的河滩,且心滩发育,底质以砾石、粗砂质为主,是裂腹鱼等产黏性卵鱼类的重要产卵场和索饵场;左贡至扎玉(海拔约3400m),两岸山势渐陡峭,河谷进一步收窄,水流较急,适宜于裂腹鱼、鮡科鱼类栖息,局部砾石滩适于裂腹鱼类产卵繁殖,而局部的深潭、洄水湾则适于鮡科鱼类产卵繁殖;扎玉以下至河口(海拔约1850m),两岸山势更加高耸,河谷深切,为典型的峡谷河段,水流湍急,在跌水以及一些巨石底质附近形成洄水和二道水,适于鮡科鱼类产卵繁殖,局部水流相对较缓、砾石底质、洲滩较发育的河段也适于裂腹鱼类产卵繁殖,峡谷河段水深较深,也是一些鱼类重要的越冬场。

（1）鱼类产卵场

裂腹鱼类的产卵场：从玉曲河鱼类的繁殖习性看，裂腹鱼类对产卵场环境要求不严格。它们的鱼卵多沉性，需要砾石、沙砾底质，鱼类产卵后，受精卵落入石砾缝中，在河流流水的不断冲刷中顺利孵化，有的裂腹鱼甚至在河滩的沙砾中掘成浅坑，产卵其中并孵化。一般随着水温上升，鱼类从越冬场上溯至浅水区索饵，水温适宜即上溯至附近符合条件的水域产卵。玉曲河符合其产卵条件的水域广泛分布，产卵场分布零散，几乎遍布整个宽谷河段。河道中的江心滩、卵石滩、分汊河道的洄水湾及支流汇口等均是裂腹鱼类比较理想的产卵场所。其中美玉至旺达河段，河谷开阔，河道坡降平缓，河流的冲刷和泥沙的沉积使得河流形态和流态多样化，既有水流较为湍急的狭窄岩基河道、水流平浅湍急的卵石长滩，也有水流平缓的细沙河湾、曲流，还有水深流急的单一河槽及水流平缓的深潭。这种多样性的生态环境为裂腹鱼的繁殖、栖息提供了良好的条件，是裂腹鱼类产卵场相对集中的主要河段。（图3.1-1）

图 3.1-1　田妥河段、扎玉至碧土河段的江心洲

在本工程影响河段，河谷狭窄，山高谷深，多呈"V"字形，落差集中，河道比降大，水流湍急，底质多为岩基和乱石。该河段除支流汇口、少量水流平急的砾石滩和洄水滩等零星狭小区域具备裂腹鱼繁殖条件外，如龙西村以下河段、瓦堡村附近河段等，绝大多数河段不适合裂腹鱼繁殖。（图3.1-2、图3.1-3）

卫星影像图

生境照片

图 3.1-2 龙西村以下河段裂腹鱼类产卵场

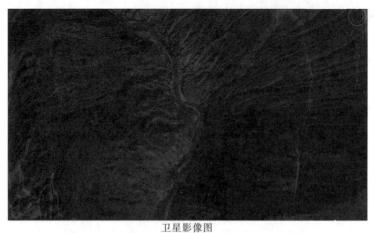

卫星影像图

图 3.1-3 瓦堡村附近河段裂腹鱼类产卵场

生境照片

续图3.1-3 瓦堡村附近河段裂腹鱼类产卵场

2018年5—6月对玉曲河鱼类的调查中,在碧土及以下江段(包括碧土、扎拉坝址、玉曲河口等)采集到的裂腹鱼均为未性成熟个体,而在扎玉河段采集到性腺时期为Ⅴ期和Ⅵ期的怒江裂腹鱼。2008年7月的调查中,在左贡江段亦采集到性腺时期为Ⅳ的怒江裂腹鱼。由此可判断裂腹鱼类主要在玉曲河中上游宽谷河段产卵繁殖,而碧土以下峡谷急流河段适宜裂腹鱼类产卵繁殖的生境条件较少。

鮡科鱼类的产卵场:扎那纹胸鮡、贡山鮡卵有弱黏性,也需要在礁石、砾石堆中孵化,产卵场多位于连续急流之间的缓流水域,当地称之为"二道水"。它们的产卵场与裂腹鱼不同,多分布于干、支流的峡谷、窄谷及水流较为湍急的河段,底质为巨石,形成局部的回水,鮡科鱼类在急流回水湾处产卵繁殖,产卵场位置相对稳定。鮡科鱼类的产卵场较为分散,且一般规模不大,其产卵场主要分布在左贡以下峡谷河段,尤其是碧土到玉曲河河口河段及沿岸支流。

本工程影响区域内是玉曲河典型的峡谷河段,落差大,水流湍急,形成诸多小型跌水、回水、二道水等。根据渔民经验,鮡科鱼类喜躲藏在此处底层石缝中,且此处流速较缓,溶氧较高,营养物质滞留,饵料生物丰富,能够为鮡科鱼类栖息、索饵、繁殖等提供适宜生境,如梅里拉鲁沟汇口附近(扎拉厂房以下至轰东坝址河段)、甲朗村附近区域(扎拉坝下减水河段)、玉曲河河口等,均是适宜鮡科鱼类产卵繁殖的重要场所。(图3.1-4、图3.1-5、图3.1-6)

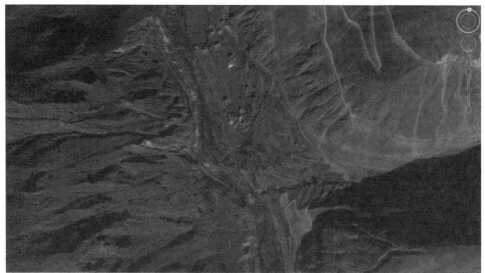

卫星影像图

生境照片

图3.1-4　梅里拉鲁沟汇口附近连续跌水形成的适宜鮡科鱼类产卵生境

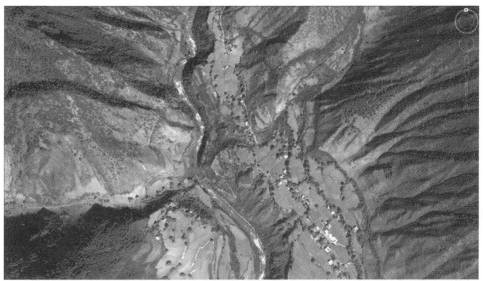

卫星影像图

生境照片

图3.1-5　甲郎村附近适宜鮡科鱼类产卵的生境

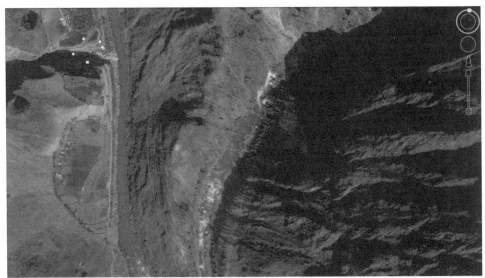

卫星影像图

生境照片

图 3.1-6　玉曲河河口适宜鲱科鱼类产卵的生境

鳅科鱼类产卵场:玉曲河的8种高原鳅均属广布性种类,它们广泛分布于青藏高原各水系。其对产卵环境要求很低,产卵场一般在近岸缓流处,底质也为砾石、卵石、粗沙砾或有水草的场所。符合以上条件的场所一般在支流与干流的交汇处以及邦达以上河源区,调查河段各支流及其汇口处的浅水湾等场所都适宜高原鳅鱼类繁殖。

（2）鱼类越冬场

玉曲河鱼类均为典型的冷水性种类,长期的生态适应和演化使其具有抵御极低水温环境的能力,能在低温环境中顺利越冬。河流枯水期水量小,水位低,鱼类进入缓流的深水河槽或深潭中越冬,这些水域多为岩石、砾石、沙砾和淤泥底质,冬季水体透明度高,着生藻类等底栖生物较为丰富,为其提供了适宜的越冬场所。因此,水位较深的主河道河段都是裂腹鱼类适宜越冬场所。而鮡科鱼类中的扎那纹胸鮡、贡山鮡的迁移距离一般不长,它们的越冬场所往往在河道急流附近的深潭。鳅类迁移距离更短,它们的越冬场所往往在流水处的岩石、砾石底下的穴或巢里。

（3）鱼类索饵场和育幼场

玉曲河鱼类多以着生藻类、底栖动物等为主要食物,浅水区光照条件好,砾石底质适宜着生藻类生长,往往是鱼类索饵的场所。随着雨季的到来,水温逐渐升高,来水量逐渐增大,鱼类开始"上滩"索饵。在水浅流急的砾石滩、水流平缓的曲流和洄水湾,鳅类等则主要在峡谷和窄谷河段越冬,在深潭附近的礁石滩或上溯至支流急流河段索饵。这些水域一方面是溯滩鱼类栖息场所,另一方面也是个体较小鱼类集中的水域,其饵料资源丰富。

玉曲河道宽窄相间,急流河段也往往滩潭交替,产卵场孵化的仔鱼随水流进入河流缓水深潭、洄水湾和宽谷河段育幼。特别是较宽河谷上游部分和支流汇口往往分布着鱼类产卵场,其下游的辫状河谷地势开阔,水流平缓,为仔鱼、幼鱼的索饵和肥育创造了良好的条件。

本工程影响区内由于是峡谷河段,水流湍急,不利于鱼类索饵和育幼。一般跌水、洄水、二道水处是鮡科鱼类的栖息地和索饵场,一些零星的浅滩、洄水、深潭也是裂腹鱼类的索饵、育幼场所。

3.1.1.4 珍稀濒危特有鱼类和经济鱼类

通过现场调查,结合历史资料,发现玉曲河现有的15种鱼类中没有国家级和自治区重点保护鱼类,且没有发现被列入《中国濒危动物红皮书》的鱼类,裸腹叶须鱼被列入《中国物种红色名录》,怒江裂腹鱼、贡山裂腹鱼、贡山鮡为怒江水系特有鱼类,另外温泉裸裂尻鱼、扎那纹胸鮡具有一定的经济价值。以上鱼类简单生物学特征如下。

(1) 被列入《中国物种红色名录》的鱼类

调查区域内裸腹叶须鱼(*Ptychobarbus kaznakovi*)是唯一被列入《中国物种红色名录》的鱼类。裸腹叶须鱼为中国特有,主要分布在青海、四川、西藏,过度捕捞和生态环境破坏是致危的主因。但在玉曲河流域,裸腹叶须鱼资源较为丰富,是当地的主要经济鱼类之一。(图3.1-7)

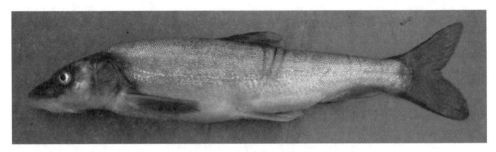

图3.1-7 裸腹叶须鱼

裸腹叶须鱼:体长,略呈圆筒形。头锥形,吻突出。口下位,马蹄形,下颌前缘无角质,内侧微具角质。下唇发达,分2叶,无中叶,两侧叶前部相连,后缘内卷。须1对,位于口角,粗壮而长。体被细鳞,体侧近腹部处鳞片退化,埋于皮下或胸、腹部裸露;侧线鳞大小约为体鳞的2倍。臀鳍发达。背鳍无硬刺,起点在腹鳍之前。体背灰褐色,分布有均匀、不规则的小斑点,腹部灰白,头上部及背、胸、尾鳍具有多数斑点。适应于大江河干支流流水生活,有时也栖息在附属水体。具有春季上溯,秋季下游的生活习性。喜在江河干流回水或缓流沙石底处活动,主要以水生无脊椎动物为食。经检测,1.09kg的雌鱼绝对怀卵量约9400粒,相对怀卵量196粒/g。分布于金沙江水系、澜沧江和怒江上游,为调查河段的主要经济鱼类之一。

(2) 特有鱼类

特有种的定义是"仅分布于某一地区范围内,而不在其他地区自然分布的动植物物种"。玉曲河调查区域内的怒江裂腹鱼、贡山裂腹鱼、贡山鮡为怒江特有种,占调查河段鱼类总数(15种)的20%。怒江裂腹鱼虽为怒江特有,但广泛分布于怒江的中、上游,自西藏昌都的格堡、扎那直至云南的贡山、福贡、泸水、保山等均有分布,也是玉曲河流域的主要经济鱼类。贡山裂腹鱼较怒江裂腹鱼分布范围狭窄,分布于海拔较高的地区,据《中国动物志:硬骨鱼纲鲤形目》(下卷)记载,贡山裂腹鱼分布于怒江上游。贡山鮡的分布区较窄,据史料记载,主要分布于西藏左贡至云南贡山一带的怒江干、支流水域。

怒江裂腹鱼(图3.1-8):体延长,稍侧扁,背部较隆起,腹部较平。头锥形,吻略尖,口下位,横裂或略呈弧形,下颌前部有狭长的月牙形角质部分,前缘锐利。下唇发达,下唇在下颌角质部分之后呈一连续横带,表面密布乳突,唇后沟连续。须2对,较发达。背鳍末根不分枝鳍条下部为硬刺,后缘具有15~20枚锯齿。身体背部及侧部被细鳞,胸及前腹面裸露无鳞或在胸鳍末端之后的腹部有少数鳞片。侧线完全,近直形。多生活在干流中,底栖习性,依靠锐利的下颌,刮食岩石上固着藻类。经检测,2kg的雌鱼绝对怀卵量约25200粒,相对怀卵量188粒/g。其对环境有较强的适应性,分布广,数量多,为调查河段主要经济鱼类之一。

图3.1-8 怒江裂腹鱼

贡山裂腹鱼(图3.1-9):体延长,稍侧扁,背部稍隆起,腹部圆。头锥形,吻略钝,口亚下位,口裂呈弧形或马蹄形,下颌内侧微具角质,不形成锐利角质前缘;下唇细狭,较不发达,分左、右两叶,无中间叶;唇后沟不连续。须2对,发达,约等长。背鳍末根不分枝鳍条弱,较柔软,后缘每侧具有细齿14~21枚。体被细鳞,排列不甚整齐。侧线完全,近直形。栖息于江河上游或支流水流湍急河段,以底栖动物为主食。

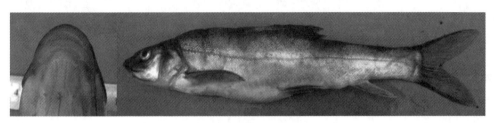

图3.1-9 贡山裂腹鱼

贡山鮡(图3.1-10):贡山鮡为怒江水系特有鱼类,采集地为左贡、贡山、碧江等地。文献记录表明玉曲河流域有贡山鮡分布,但项目组2次实地采集都没有采集到实物标本。该鱼体延长,头、胸部宽扁,腹面宽平,尾柄细长。口横裂,下位。唇褶和胸部具乳突。唇后沟中断。上颌须末端后伸超过胸鳍起点,几达鳃孔下角。鳃孔较小,下角与胸鳍第5根分枝鳍条基部相对。上颌齿带鮡型,中央有明显缺刻;齿圆柱状,齿端略扁平。背鳍距吻端较距脂鳍起点为远;脂鳍起点与腹鳍后端相对;胸鳍不达腹鳍起点;腹鳍不达肛门;尾鳍外缘微凹。肛门至臀鳍起点的距离显著较距腹鳍后基为近。侧线平直,完全。体表裸露无鳞。喜栖息于多砾石的河道或溪流之中,白天藏匿于石隙间,夜晚活动。主要摄食水生无脊椎动物。怒江水系特有种,分布于怒江干、支流中,雌鱼绝对怀卵量为107~211粒。

图3.1-10　贡山鮡

(3) 其他主要经济鱼类

玉曲河分布的鱼类中除裸腹叶须鱼、怒江裂腹鱼、贡山裂腹鱼、贡山鮡具有一定经济价值外,温泉裸裂尻鱼和扎那纹胸鮡亦具有一定经济价值。

温泉裸裂尻鱼(图3.1-11):体延长,侧扁,头锥形,吻钝圆。口下位,稍弧形。上颌长于下颌,下颌角质上翘,有锐利角质前缘。唇较窄,分左、右两下唇叶;唇后沟中断。无须。体表大都裸露无鳞,出臀鳞外,仅在肩胛部分有1~2行不规则鳞片。侧线完全且平直。鳃耙稀疏。下咽骨弧形,较宽;肠盘曲,为体长的2.5~3.5倍。体背面黑褐色,下部浅棕色,体侧有形状、大小不一的云斑,或密布黑点,且夹有云斑。栖息于高原宽谷河流或湖泊中,摄食藻类和水生无脊椎动物。5—6月为产卵盛期。该鱼分布唐古拉山以及怒江水系一带,分布区较宽,种群数量大,为调查河段主要经济鱼类之一。

图 3.1-11　温泉裸裂尻鱼

扎那纹胸鮡(图3.1-12):头胸部平扁,背鳍起点处略高,体后躯略侧扁。眼较小,位于头的侧上部。口弧形,下位。上颌齿带两端略向后弯,齿丛细密;下颌齿带2块。上唇多乳突。鼻须长,后伸超过眼后缘;上颌须超过胸鳍基后缘;下颌外侧须超过胸鳍基中部,内侧须超过胸部吸着器前缘。背鳍刺较硬,后缘又弱锯齿,起点距吻端较距脂鳍起点为近;胸鳍第1枚不分枝鳍条为一具强锯齿的硬刺,末端达到或略过背鳍基起点;腹鳍起点距背鳍基末端有明显距离,末端超过肛门,几达臀鳍,臀鳍起点略与脂鳍起点的前方相对;尾鳍深分叉,下叶略长。福尔马林液浸标本体为棕色,各鳍有暗斑,体表有皮质突起,背部稍多,其余较稀,故不显著。栖息于河水的激流处,以底栖水生无脊椎动物为食。分布于怒江西藏段,是小型食用鱼类。根据文献资料整理分析,扎那纹胸鮡分布于怒江水系和澜沧江水系,其中怒江水系分布范围很广,从上游昌都八宿县扎那(海拔约3000m)至下游保山道街(海拔约660m)均有采集记录。玉曲河是怒江上游最大支流,河口海拔约1900m,应该有扎那纹胸鮡分布,但项目组2次实地采集都没有采集到实物标本。目前资源量较少,与贡山鮡一样,每年仅汛期有少量捕捞产量。由于鮡科鱼肉质好,味道鲜嫩,在餐馆销售价格很高,有一定消费市场。

图 3.1-12　扎那纹胸鮡

3.1.1.5 渔业资源及渔获物组成

（1）渔业资源

玉曲河干支流渔获物主要有裂腹鱼亚科裂腹鱼属的怒江裂腹鱼、叶须鱼属的裸腹叶须鱼、裸裂尻鱼属的温泉裸裂尻鱼三种以及少量的鮡科纹胸鮡属的扎那纹胸鮡和鮡属的贡山鮡。

条鳅亚科高原鳅属的东方高原鳅、细尾高原鳅、拟硬刺高原鳅、异尾高原鳅、短尾高原鳅、小眼高原鳅、斯氏高原鳅和圆腹高原鳅由于个体小，经济价值较低，没有渔业利用、捕捞。

由于历史和社会条件的限制，加上宗教信仰的影响，当地居民视水域的鱼为"神鱼"，认为吃了这种鱼会遭灾遇险，因此，鱼类资源鲜有利用，长期以来基本处于自生自灭的自然调节状态。据调查，左贡没有设立渔业机构，目前也没有人工养殖，除了县城和扎玉镇有4～5家非专业渔民利用流刺网或电捕器捕获少量鱼类外，几乎没有渔业捕捞。据不完全统计，这些捕鱼人每年捕获的渔获物主要是怒江裂腹鱼、温泉裸裂尻鱼和裸腹叶须鱼，他们不在市场上直接销售，仅供应当地几家汉族餐厅，满足旅游、出差而来的外来人员吃鱼需要，消费群体不大，往往以销定产，年销售玉曲河鱼类3000～5000kg，在当地集贸市场只有内地养殖鱼类销售，没有当地天然捕捞鱼类出售。

玉曲河虽然鱼类种类不多，但从鱼类总体数量上来看，由于藏区人烟稀少、藏民没有捕鱼习惯，鱼类资源基本处于自生自灭的自然状态，相对于内地捕捞强度过大的河流来说，鱼类资源较丰富。经试捕，在长150m、水面宽约12m的河段上，用长约10m、高1m的流刺网5个网次共捕获13.4kg。折合每千米河段产量为89.3kg。

（2）渔获物组成

①2008年调查结果

2008年7月和11月分2次对玉曲河左贡县境内河段的鱼类资源进行了现场调查，渔获物组成如下。

A.干流渔获物组成

渔获物中主要鱼类3种，测量标本687号。（表3.1-3）

表3.1-3 2008年7月和11月玉曲河干流(邦达—碧土)渔获物统计

种类	体长(mm)		体重(g)		尾数		重量	
	范围	平均	范围	平均	尾	%	g	%
怒江裂腹鱼	10～545	391	15～2410	564	269	39.1	151716	53.6
裸腹叶须鱼	175～445	273	70～1092	294	215	31.4	63210	22.4
温泉裸裂尻鱼	129～410	269	45～773	335	203	29.5	68005	24.0
合计					687	100	282931	100

河段上游(邦达—左贡县城)怒江裂腹鱼所占比例均低于裸腹叶须鱼和温泉裸裂尻鱼;河段下游(左贡县城—碧土)则是怒江裂腹鱼所占比例均高于裸腹叶须鱼和温泉裸裂尻鱼。就整条干流河段而言,渔获物以怒江裂腹鱼所占比例最高,其生物量也最大;温泉裸裂尻鱼和裸腹叶须鱼所占比例接近。

B.支流渔获物组成

在玉曲河支流开曲(左贡县美玉乡)进行鱼类资源调查,主要渔获鱼类3种,测量标本158号。(表3.1-4)

表3.1-4 2008年玉曲河支流(开曲)渔获物统计

种类	体长(mm)		体重(g)		尾数		重量	
	范围	平均	范围	平均	尾	%	g	%
怒江裂腹鱼	165～515	424	58～2120	502	21	13.3	10542	20.7
裸腹叶须鱼	192～308	273	99～303	285	54	34.2	15390	30.2
温泉裸裂尻鱼	114～367	269	35～386	302	83	52.5	25066	49.1
合计					158	100	50998	100

在开曲渔获物种类与干流一致,但各种鱼所占的比例不相同。其中,温泉裸裂尻鱼所占比例最高,其生物量也最大;裸腹叶须鱼次之,怒江裂腹鱼则最小。

另外采用抄网捕捞到高原鳅若干,经鉴定有东方高原鳅、细尾高原鳅、异尾高原鳅、短尾高原鳅、斯氏高原鳅、小眼高原鳅。

②2013年调查结果

A.怒江干流玉曲河汇口

2013年5月在怒江干流玉曲河汇口下约1.5km处的沙布村附近用地笼和流刺网采集到渔获物20尾,为怒江裂腹鱼和贡山裂腹鱼。在该处还用抄网采集到约50尾体长10～20mm的裂腹鱼幼鱼,说明在玉曲河汇口附近可能存在裂腹鱼的产卵场。

表3.1-5 2013年5月怒江干流玉曲河汇口渔获物统计

种类	体长(mm)		体重(g)		尾数		重量	
	范围	平均	范围	平均	尾	%	g	%
怒江裂腹鱼	73~109	87.8	7.1~18.2	11	6	30	66	20.8
贡山裂腹鱼	51~89	69.2	2.2~10.9	5.8	14	70	81.2	79.2
合计					20	100	147.2	100

B.玉曲河干流渔获物

2013年在玉曲河干流扎拉坝址附近,采用地笼和流刺网采集到鱼类81尾,共3种,分别为怒江裂腹鱼、贡山裂腹鱼、裸腹叶须鱼,其中怒江裂腹鱼尾数占比95.1%。(表3.1-6)

表3.1-6 2013年玉曲河干流(扎拉坝址附近)渔获物统计

种类	体长(mm)		体重(g)		尾数		重量	
	范围	平均	范围	平均	尾	%	g	%
怒江裂腹鱼	59~220	103.9	3.6~152.7	21.6	77	95.1	1665.8	70.6
贡山裂腹鱼	62~184	123	3.8~106.7	55.3	2	2.5	110.5	4.7
裸腹叶须鱼	258~285	271.5	273.7~309.2	291.5	2	2.5	582.9	24.7
合计					81	100	2359.2	100

采用抄网捕捞到少量高原鳅,经鉴定为细尾高原鳅。

③2016年调查结果

2016年7—8月在怒江上游(海拔3500m以上)捕获鱼类共计204尾,共3种,分别为裸腹叶须鱼、温泉裸裂尻鱼、高原鳅,其中裸腹叶须鱼、温泉裸裂尻鱼为优势种,可能与该区域海拔较高,怒江裂腹鱼鲜有分布有关。高原鳅未分种类统计,经鉴定为斯氏高原鳅和细尾高原鳅,均是分布海拔较高的种类。(表3.1-7)

表3.1-7 2016年怒江上游渔获物统计

种类	体长(mm)		体重(g)		尾数		重量	
	范围	平均	范围	平均	尾	%	g	%
裸腹叶须鱼	85~245	150.2	6.1~149.0	37.1	107	52.45%	3969.7	46.52%
温泉裸裂尻鱼	88~330	162.3	8.2~418.8	59.1	74	36.27%	4373.4	51.25%
高原鳅	60~120	100.1	2.7~12.4	8.3	23	11.27%	190.9	2.24%
合计					204	100.00%	8534	100.00%

④2017年调查结果

2017年9月,水利部中国科学院水工程生态研究所联合长江设计集团有限公司对扎拉水电站水生生态和水文情势进行了现场调查,调查重点范围为玉曲河碧土断面至厂址下游。

本次对玉曲河扎玉镇、碧土乡、甲郎村、龙西村、莫得村和场址六个河段进行了鱼类资源调查。根据现场调查结果,渔获物种类3种,分别是怒江裂腹鱼、裸腹叶须鱼和高原鳅,未采集到鮡科鱼类。

⑤2018年调查结果

2018年5月20日—6月3日,水利部中国科学院水工程生态研究所针对玉曲河扎拉水电站环境影响主要河段(扎拉库尾碧土乡至玉曲河河口)开展了水生生态补充调查。

在扎拉库尾(扎郎大桥附近)、扎拉减水河段(龙西村附近)、玉曲河河口雇请当地渔民采用流刺网、地笼等渔具进行鱼类资源调查,同时收集沿江垂钓者的渔获物,共采集到鱼类样品110尾,其中怒江裂腹鱼90尾,占总尾数的81.82%,占总重量的98.10%;温泉裸裂尻鱼1尾;扎那纹胸鮡14尾,占总尾数的12.73%,占总重量的1.42%;异尾高原鳅2尾;东方高原鳅2尾;墨头鱼1尾。(表3.1-8)

表3.1-8 2018年玉曲河干流(扎拉坝址附近)渔获物统计

种类	体长(mm)		体重(g)		尾数		重量	
	范围	平均	范围	平均	尾	%	g	%
怒江裂腹鱼	35~615	161.3	0.1~2370	119.4	90	81.82%	10741.5	98.10%
温泉裸裂尻鱼	125	125	15	15	1	0.91%	15	0.14%
扎那纹胸鮡	85~170	110.7	5~40	11.1	14	12.73%	156	1.42%
异尾高原鳅	115~130	122.5	8~10	9	2	1.82%	18	0.16%
东方高原鳅	70~120	95	2~9	5.5	2	1.82%	11	0.10%
墨头鱼	105	105	8	8	1	0.91%	8	0.07%
合计					110	100.00%	10949.5	100.00%

怒江以泸水为界分成南、北两个世界级的动物地理区。陈宜瑜在《横断山区鱼类》一书中第一次提出这一地区鱼类组成的特殊性,并据此建立了一个新的世界级的动物地理区——青藏高原区。该区鱼类组成的主体就是鲤科中的裂腹鱼亚科和鳅科的高原鳅属,以及适应急流高寒环境的鮡科鱼类。据此怒江以泸水为界,北部

属青藏高原区,而南部的鱼类以鲤科中的鲃亚科为主,其次是鲇、胡子鲇、鳅、鳢等,迄今这些种类未在泸水以北的江段中看到,故被划为东洋区,而泸水这一带正是怒江南、北两区鱼类的交汇区,这个分界线应该是由怒江上下游水文情势形成的生态隔离带。

墨头鱼一般分布在海拔较低的区域,《中国动物志:硬骨鱼纲鲤形目》(下卷)记载,其分布于长江上游、澜沧江及沅江水系,标本采集地包括四川乐山、会东、新市,云南富平、平浪、景洪、元江、华平,贵州遵义、毕节、镇宁、思南,等等,可见其分布范围十分广泛,但海拔均为几百米。2004年中国科学院水生生物研究所完成的《怒江中下游水电规划水生生态影响评价专题报告》中记载怒江干流分布有墨头鱼。水利部中国科学院水工程生态研究所完成的《怒江中下游水电开发规划环境影响评价水生生态专题》记载,曾于2013年4月在泸水(海拔约800m)、2013年5月在丙中洛(海拔约1500m)采集到墨头鱼。

由此可见,怒江流域鱼类区系以泸水为界,以上为青藏高原区,鱼类组成的主体是裂腹鱼亚科、鳅科的高原鳅属及鲱科鱼类,而东洋区鱼类墨头鱼在泸水以上江段分布,属于较特殊情况,可能是由于其下唇具有较宽大的吸盘,逆流而上能力强。此次调查在玉曲河河口采集到1尾墨头鱼,可能是由于正值鱼类繁殖期,个别上溯至此,该区域应该是墨头鱼分布的上限。

渔获物以怒江裂腹鱼占绝对优势,从幼鱼到2kg多重的个体均有,其他鱼类如高原鳅和温泉裸裂尻鱼较少;裸腹叶须鱼本次在减水河段未调查到,或主要分布在海拔较高的左贡河段;贡山鲱和贡山裂腹鱼并未调查到,推测这两种鱼分布海拔相对较低,主要分布于贡山(海拔约1400m)一带,玉曲河不是其主要分布区,数量较少,且贡山鲱本身种群规模较小、难以捕捞。经碧土乡餐馆老板描述,曾在洪水期在碧土乡下游用钩钓的方式采集到贡山鲱(扁头),其他时段未有捕获。本次仅玉曲河河口段采集到扎那纹胸鲱,渔获物种类组成可能与季节和水文条件等有关。

在减水河段龙西村附近进行鱼类早期资源调查未调查到任何鱼卵或鱼苗(图3.1-13),说明调查时段调查区域内无鱼类产卵活动发生。结合渔获物解剖未发现性成熟个体来看,此时正值鱼类繁殖期,可能大部分裂腹鱼成熟个体已上溯至玉曲河中上游产卵场。而鲱科鱼类仅在洪水期间上溯至碧土以下峡谷江段产卵,产卵繁殖后即降河至怒江干流,较难捕捞。

a.流刺网捕捞（2008年7月）

b.流刺网捕捞的渔获物（2008年7月）

c.渔获物照片（2008年7月）

d.渔获物照片（2008年7月）

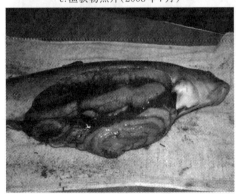

e.性成熟的雌性怒江裂腹鱼
（2008年7月采集于左贡）

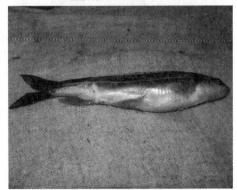

f.性成熟的雄性温泉裸裂尻鱼
（2008年7月采集于左贡）

图3.1-13　早期资源调查及渔获物

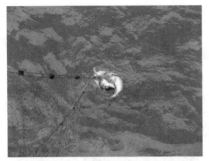

g.瓦堡村附近河段采样(2013年5月)

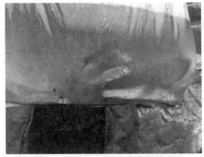

h.渔获物照片(2013年5月)

i.扎拉河段采样(2018年5月)

j.鱼类早期资源调查(2018年5月)

k.渔获物照片(2018年6月采集于碧土)

l.尚未性成熟的怒江裂腹鱼
(2018年6月16日采集于碧土)

m.渔获物照片
(2018年5月采集于扎拉坝址附近)

n.尚未性成熟的较大个体怒江裂腹鱼
(2018年5月采集于扎拉坝址附近)

续图3.1-13 早期资源调查及渔获物

o.性腺时期为Ⅵ期的怒江裂腹鱼
（2018年6月17日采集于扎玉）

p.性腺时期为Ⅵ期的怒江裂腹鱼
（2018年6月17日采集于扎玉）

q.性腺时期为Ⅵ期的怒江裂腹鱼
（2018年6月20日采集于扎玉）

r.性腺时期为Ⅵ期的怒江裂腹鱼
（2018年6月20日采集于扎玉）

s.玉曲河河口现场捕捞照片
（2018年6月2日）

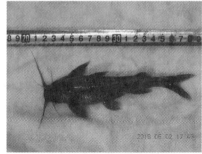

t.渔获物照片（含扎那纹胸鮡）
（2018年6月2日采集于玉曲河河口）

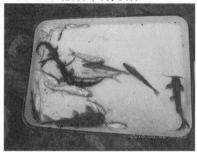

u.扎那纹胸鮡（全长170mm、体重40g）
（2018年6月2日采集于玉曲河河口）

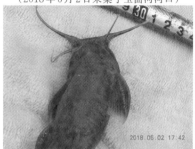

v.扎那纹胸鮡（全长170mm、体重40g）
（2018年6月2日采集于玉曲河河口）

续图 3.1-13　早期资源调查及渔获物

3.1.1.6 关于两种鮡科鱼类

根据文献资料,玉曲河分布有贡山鮡和扎那纹胸鮡两种鮡科鱼类,但在2008—2017年的多次调查中均未采集到标本,2018年补充调查仅在玉曲河口段采集到14尾扎那纹胸鮡。(表3.1-9)

表3.1-9　关于两种鮡科鱼类的重要文献整理

文献	种类	标本采集与测量	分布描述	生活习性
《中国动物志:硬骨鱼纲鲇形目》(褚新洛等,1999年)	贡山鮡	测量标本7尾,体长84~120mm,采自云南贡山县城及西藏左贡	怒江上游水系	生活在多石、水势湍急的主河道和溪流。平时隐居石缝间隙。主要摄食水生底栖昆虫
	扎那纹胸鮡	测量标本35尾,体长57~101mm,采自西藏扎那(3050m)、云南保山、兰坪、泸水、昌宁、云县、维西	澜沧江及怒江水系	
《西藏鱼类及其资源》(西藏自治区水产局,1995年)	贡山鮡	测量标本1尾,全长73mm,体长62mm,采自西藏昌都的左贡(属怒江水系)	为怒江水系特有种,主要分布于西藏左贡至云南贡山一带的怒江干支流中	喜栖息于多砾石的河道或溪流之中,白天藏匿于石隙间,夜晚活动,主要摄食水生无脊椎动物
	扎那纹胸鮡	测量标本5尾,全长83~110mm,体长66~86mm。采自昌都扎那	西藏怒江段	栖息于河水的急流处,以底栖水生无脊椎动物为食
《云南鱼类志》(下册)(褚新洛等,1990年)	贡山鮡	测量标本8尾,采自贡山、碧江,全长94~134mm,体长81~118mm	怒江上游水系	生活在多石、水势湍急的主河道和溪流。平时隐居石缝间隙。主要摄食水生底栖昆虫
	扎那纹胸鮡	测量标本18尾,采自保山的道街(660m)、瓦窑,泸水县的上江、六库,昌宁的湾甸,云县的勐赖,兰坪、碧江,全长71~116mm,体长58.5~97mm	怒江水系、澜沧江水系	

续表

文献	种类	标本采集与测量	分布描述	生活习性
《西藏地区的鳅科鱼类》（伍献文等，1981年）	贡山鲱	标本4尾，体长63～92mm，采自昌都的左贡及扎那（怒江水系）		
	扎那纹胸鳅（新种）	标本13尾，全长85～122mm，体长67～97mm。采自昌都扎那（怒江水系）		
《鳅属和石爬鳅属的订正（包括一新种的描述）》（褚新洛，1981年）	贡山鲱（新种）	正模，体长118mm，副模5尾，体长84～114mm。采集于云南贡山县城		生活在多石的主河道和溪流，水势湍急。平时隐居石缝间隙。主食水生底栖昆虫

从以上文献可知，贡山鲱为1981年发现的新种，其模式标本采自云南贡山，为怒江水系特有鱼类，分布范围为西藏左贡至云南贡山的怒江水系干支流；扎那纹胸鲱为1981发现的新种，其模式标本采自西藏昌都扎那（怒江水系），分布于澜沧江水系和怒江水系，其中怒江水系的分布范围为扎那（海拔约3000m）至保山道街（海拔约660m）。两种鳅科鱼类均为急流性鱼类，多栖息于急流河底石缝间隙，以底栖动物为食。

玉曲河下游是两种鳅科鱼类的分布范围，且是该区域内怒江最大的支流，与怒江干流鱼类有着必然的联系和相似性。玉曲河下游为典型峡谷急流河段，底质多巨石、砾石，且玉曲河相对怒江干流含沙量低，有利于底栖动物生长，适宜鳅科鱼类栖息、索饵。在多次调查中未采集到样本鳅科鱼类，可能是以下两方面原因：一是玉曲河为典型高原河流，由于水温低、外源营养物质含量低、水流湍急等，其生物生产力不高，鱼类资源量总体不高，且鳅科鱼类相对其他种类更为稀少；二是由于鳅科鱼类一般躲藏于峡谷急流石缝中，捕捞难度高。

3.1.1.7 鱼类资源现状综合分析

玉曲河流域鱼类组成较简单，根据文献资料结合现场调查，共分布有鱼类15种，隶属于2目3科7属。其中裂腹鱼亚科鱼类4种，野鲮亚科鱼类1种，高原鳅8种，鳅科鱼类2种，属典型的青藏高原鱼类区系。调查区域无国家级、自治区级保护鱼类，怒江特有鱼类有怒江裂腹鱼、贡山裂腹鱼、贡山鲱三种。列入《中国物种红色名录》的鱼类仅裸腹叶须鱼1种,无列入《中国濒危动物红皮书》的鱼类。调查区域鱼类资源以裂腹鱼类占绝对优势,主要渔获对象有怒江裂腹鱼,占渔获物的绝大部分,裸腹叶须鱼、贡山裂腹鱼、温泉裸裂尻鱼、扎那纹胸鳅等在渔获物中的占比较小。

调查区域宽谷、峡谷相间,河势河态复杂,两岸支流众多,生境多样性相对较高,使鱼类能够在本河段完成整个生活史过程。调查河段鱼类对高原高寒生境具有较强的适应性,这些鱼类生长发育缓慢、性成熟晚、繁殖力低,其种群一旦遭受破坏,其恢复将非常困难。

总体上讲,玉曲河鱼类资源保存较好,当地居民禁止捕捞鱼类,也不吃本地鱼,除左贡县城、扎玉镇有几户兼职捕捞鱼类外,没有专门的商业捕捞队伍,尤其是一些寺庙附近河段和峡谷急流河段,基本上没有受到人类活动的影响,鱼类资源处于自然状态。

3.1.2 影响分析

3.1.2.1 电站阻隔鱼类洄游

玉曲河是怒江中上游左岸支流,位于中游上段,河口海拔约1900m,天然落差约3000m,为典型高原河流,生境多样性高。玉曲河源头至美玉乡(开曲沟口)为上游,为高原中低山地貌,河道比降小,水流平缓,高山草甸发育,是裂腹鱼、高原鳅等鱼类重要的育肥场所;中游河段美玉乡(开曲沟口)至左贡县城旺达镇(兰嘎曲沟口),为高山峡谷过渡区,河谷由宽逐渐变窄,多呈宽缓的"U"形河谷,多砾石浅滩,是裂腹鱼类重要的产卵生境;旺达镇(兰嘎曲沟口)以下为下游,河段长225km,落差1914m,为典型峡谷急流。玉曲河鱼类为典型高原鱼类区系,与怒江中上游鱼类种类组成基本一致。裂腹鱼类具有较强的生殖洄游习性,在繁殖期一般由干流向上游或支流上游水质清澈、水流平缓的砾石浅滩处产卵繁殖。怒江中上游鱼类在繁殖期可上溯至玉曲河中上游砾石浅滩产卵繁殖,玉曲河鱼类在冬季可退缩至玉曲河下游和怒江干流深水区越冬,玉曲河是怒江中上游鱼类的栖息和繁殖场所。因此,玉曲河鱼类与怒江中上游鱼类有着密切的自然联系。

目前怒江干流中下游和玉曲河干流中下游均尚未开发,河流连通性保持良好,且玉曲河是怒江中游最大的支流,通过对鱼类种类组成及产卵场分布等的分析,玉曲河中下游,特别是下游鱼类与怒江干流交流频繁,且玉曲河中游分布有裂腹鱼类的产卵场,下游是鮡科鱼类的重要生境。扎拉水电站是目前玉曲干流下游最先拟建梯级,建成后将对玉曲河河流连通性以及玉曲与怒江干流的连通性造成显著影响。大坝的建设将工程河段原有鱼类分隔为上、下两个群体。由于大坝的阻隔,玉曲河完整的河流生境被分割,在缺少鱼类上行条件的前提下,坝上群体遗传多样性将不会得到补充,从而导致遗传多样性的降低。

大坝建成后,将使扎拉坝址以上玉曲干支流与下游及怒江干流隔离,影响河流的纵向连通性,阻隔了玉曲汇口附近怒江干流江段及玉曲扎拉坝址以下河段鱼类向坝上河段生殖洄游的上溯通道,使坝上鱼类资源补充受到影响,同时也影响坝下河段及怒江干流鱼类的产卵繁殖。虽然鱼类生活史具有一定的可塑性,能够寻求新的产卵场,但其产卵场功能和规模可能无法替代现有玉曲河中游产卵场,因此玉曲河坝下河段及玉曲汇口附近怒江干流江段鱼类资源也会受到一定程度的影响。

3.1.2.2 水文情势变化对鱼类资源的影响

水电站建成后,水文情势变化分为3个区域进行分析和预测:一是坝上库区,二是坝址至厂房减水河段,三是厂房至河口。

坝上库区河段:扎拉水电站建成后,库区河段将形成峡谷型水库。原来的急流生境转变为缓流甚至是静水生境,使适应流水生境的鱼类如怒江裂腹鱼、贡山裂腹鱼、裸腹叶须鱼和鮡科鱼类等,迁移至库尾及以上河段,而能够适应静水生境的种类,如温泉裸裂尻鱼、高原鳅属鱼类等在库区种群规模可能有所增长。

坝址至厂房减水河段:引水发电后,坝下形成长约59.2km的减水河段,扎拉水电站坝址处多年平均流量为110m³/s,10月至次年3月下泄生态流量15.9m³/s;4月和9月下泄生态流量22m³/s,5—8月下泄生态流量33m³/s。来量小于该流量时,按来量下泄。水量减少,水体容量减小,鱼类资源量可能随之下降,同时由于水量减少、水深降低,该河段一些个体较大的鱼类会顺水而下进入下游或怒江干流水量较大的河段,而一些个体较小的鱼类可能会滞留在该河段。水量减少也导致减水河段水文情势发生较大改变,扎拉水电站引水发电后,坝址—厂址河段流量减少14.8~170.6m³/s,水位降低0.17~2.2m,流速减少0.09~1.62m/s,扎拉水电站设有生态机组,引水后保证了减水河段的生态基流,引水后流量、水位及流速的减少,使流场发生改变,减水河段原适于鮡科鱼类栖息和产卵的生境条件将受到一定影响。但由于生态流量保障度较高,减水河段平均水深高于0.41m,且保持了近自然的水文节律,可较大限度地减少对鮡科鱼类栖息地的影响,并可保障裂腹鱼类上溯洄游的畅通。

厂房至河口段:扎拉水电站具有日调节性能,在鱼类繁殖期4—7月不调峰,在平水年、丰水年和枯水年丰水期,主电站泄放流量在日内保持一致,流量稳定。在最不利情况下,受日调节运行影响,枯水年枯水期厂房下游日内流量、水位发生变化,与天然状况相比,0—8时流量、水位降低,水位降低了0.1m;9—23时流量、水位均高于天然情况,水位增加了0.02~0.39m;水位日变幅0.49m。就日内时变化来看,0—8时各时段水位维持不变,8—9时水位增幅为0.12m,9—17时各时段水位不变,17—18时水位增幅为0.26m,18—19时水位增幅为0.11m,19—20时水位降幅为0.11m,20—21时水位降幅为0.26m,21—23时各时段水位维持不变,23—24时水位降幅为0.1m。水位最大时变幅为0.26m。

厂房至河口段流量、水位、流速的波动不但直接影响鱼类的栖息、觅食,而且对底栖动物、着生藻类等的生长不利,从而影响鱼类的饵料来源,但由于玉曲河干流为典型峡谷型河流,相对于宽谷河流,水位变动对河流湿周的影响相对较小。总体来看,扎拉水电站日调节仅在枯水期进行,此时鱼类基本处于越冬期。枯水年水电站的日调节将可能导致厂房至河口段鱼类资源有所下降;在冬季由于水位下降,对鱼类的越冬也会产生一定影响,但由于鱼类可随外界环境进行迁移,水位显著下降和频繁波动,部分鱼类可能会顺水而下进入怒江干流越冬。

扎拉水电站日调节对玉曲河汇口以下怒江干流也会产生一定影响,但由于玉曲河流量占汇口断面的怒江干流流量的比例较小,其影响程度也较小,且影响范围有限。

3.1.2.3 低温水、冰情、气体过饱和、水库冲沙等对鱼类的影响

根据预测成果,工程运行后,受扎拉水电站引水影响,不同水平年鱼类重要繁殖期5月厂址处水温为11.1~11.9℃,较天然水温有所降低,降低幅度为0.9~1.7℃,水温降幅较小,对鱼类的繁殖影响不大,且随着发电用水回归河道,水体受太阳辐射、气温等气象条件影响,厂址以下的河道水温将得到一定的升温恢复,对鱼类的不利影响将进一步缓解。

从对坝(厂)址河段居民的初步调查来看,因玉曲河碧土以下河段河道落差大,冬季径流补给主要是地下水,主河道冬季不封冻,初步分析水电站引水发电后减水河段不会出现结冰现象,冬季不会产生因河道结冰增加对鱼类资源的影响。鉴于工程区位于高海拔区域,气温总体偏低,建议在冬季加强减水河段水温的观测,根

据水温观测结果及时调整引水发电过程,加大下泄流量,减少因河道结冰而对鱼类资源产生的影响。

根据预测,扎拉水电站工程泄洪规模小,500年一遇设计洪水洪峰流量为1430m³/s,2000年一遇洪水洪峰流量为1840m³/s,扎拉电站泄洪产生的总溶解气体(TDG)过饱和影响发生频率极小。高原河流一般比降大、流速快,溶解氧较高,裂腹鱼类、鮡科鱼类等均是适应较高溶解氧的鱼类。因此,本工程气体过饱和对鱼类的影响极小。

根据分析,扎拉水电站泥沙淤积高程达到冲沙孔底高程2770m超过20年,泥沙淤积高程达到冲沙孔底高程2770m约40年。因此,水库冲沙运行工况概率很小。冲沙对下游鱼类将造成一定影响,特别是对幼鱼和产卵场产生不利影响,降低幼鱼和受精卵的存活率。虽然怒江流域是高含沙量河流,鱼类能够适应一定含沙量的水体,但是后期应进一步研究冲沙对鱼类影响的减缓对策,包括避免在鱼类繁殖期冲沙,采取尽量降低下游含沙量的冲沙方式等。

3.1.2.4 对鱼类"三场"的影响

(1) 对产卵场的影响

对裂腹鱼类产卵场的影响:裂腹鱼类对产卵场环境要求不严格,其产卵场主要分布于玉曲中上游砾石流水浅滩。玉曲河裂腹鱼类产卵场主要分布于中上游宽谷砾石浅滩河段,扎拉水电站建设运行对裂腹鱼类的影响主要是阻隔了生殖洄游通道,可能影响中上游裂腹鱼类产卵场功能充分发挥。在本工程影响河段,河谷狭窄,山高谷深,多呈"V"字形,落差集中,河道比降大,水流湍急,底质多为岩基和乱石,适于裂腹鱼类产卵繁殖的砾石缓流浅滩较少,绝大多数河段不适合裂腹鱼繁殖,仅在龙西村、瓦堡村附近河段存在小规模的适宜裂腹鱼类产卵的生境,且均位于减水河段,水量减少后,可能对裂腹鱼类产卵场产生一定影响。通过计算对比丰水年、平水年、枯水年产卵期减水河段2处裂腹鱼类产卵场区域河道水域面积变化可知,裂腹鱼类产卵期(4—6月),产卵场水面面积平均下降约22.87%,但是由于水面下降,适宜裂腹鱼类产卵水深的生境条件不一定是同比例下降,亦可能增加,通过计算,丰水年减水河段2处裂腹鱼类产卵场0.5~1m水深的水面面积平均增加约52.62%,平水年平均增加48.93%,枯水年增加15.96%。但是由于鱼类产卵场的生境条件不仅与水深相关,还与其他各种生境条件如流速、流场、底质、水温等相关,是一个综合的复杂的生境需求,另外鱼类繁殖、生存等具有一定的可塑性,其在原有生境条件发生改变时可以寻求其他适宜生境。因此,扎拉水电站运行对裂腹鱼类的产卵场影响较小。

对鮡科鱼类产卵场的影响：扎那纹胸鮡、贡山鮡产卵场多位于急流与缓流之间的区域，峡谷、窄谷及水流较为湍急的河段，底质为巨石，形成局部的洄水，包括小型跌水以及一些巨石底质下游形成的洄水、缓流区域，当地称之为"二道水"。本工程影响区域内是玉曲河典型的峡谷河段，落差大，水流湍急，形成诸多小型跌水、洄水、二道水等，如玉曲河河口、梅里拉鲁沟汇口附近区域、甲郎村附近区域等。2008—2017年多次调查均未采集到鮡科鱼类，但2018年5月的补充调查中仅在玉曲河河口段采集到14尾扎那纹胸鮡，因此可见，玉曲河河口段是鮡科鱼类的主要分布区域和产卵场。现场调查确定的玉曲河河口、梅里拉鲁沟汇口附近等区域、甲郎村附近区域等三处鮡科鱼类产卵场，其中甲郎村附近产卵场位于减水河段。扎拉水电站运行后，在鱼类主要产卵繁殖生长期(4—9月)泄放多年平均流量20%～30%的生态流量，可基本满足鮡科鱼类产卵繁殖生长要求。但由于坝下减水河段流量减少较多，原来的洄水、二道水等适宜鮡科鱼类产卵繁殖的生境条件明显缩减，对鮡科鱼类的产卵繁殖会造成一定影响，部分鱼类可能退缩至下游或怒江干流寻求新的适宜生境产卵繁殖。同样，也对比计算了丰水年、平水年、枯水年产卵期减水河段1处鮡科鱼类产卵场区域河道水域面积变化，可知鮡科鱼类产卵期(5—7月)，产卵场水面面积平均下降约25.84%，但是由于水面下降，适宜鮡科鱼类产卵水深的生境条件可能增加，通过计算，丰水年减水河段2处鮡科鱼类产卵场0.5～1m水深的水面面积平均增加约1%，平水年平均减少57.5%，枯水年减少68.22%。由此可见，减水河段对鮡科鱼类产卵场的影响相对大于裂腹鱼类，但是由于鱼类产卵场的生境条件不仅与水深相关，还与其他各种生境条件如流速、流场、底质、水温等相关，鮡科鱼类对产卵场生境条件的需求可能较裂腹鱼类更加严格，是一个综合的复杂的生境需求。另外，鱼类繁殖、生存等具有一定的可塑性，其在原有生境条件发生改变时可以寻求其他适宜生境。因此，扎拉水电站运行对鮡科鱼类的产卵场影响较大，鮡科鱼类可能退缩至扎拉电站厂房以下或怒江干流产卵繁殖，但不会威胁种群的生存。玉曲河厂址下游分布有梅里拉鲁沟汇口、玉曲河河口两处产卵场。扎拉水电站具有日调节性能，在平水年、丰水年和枯水年丰水期，主电站泄放流量在日内保持一致，流量稳定，电站运行对产卵场基本没有影响。受日调节运行影响，在枯水年枯水期厂房下游日内流量、水位发生变化，与天然状况相比，总体上0—8时流量、水位降低，水位最大降低0.08m，9—23时流量、水位均高于天然情况，对玉曲河河口、梅里拉鲁沟汇口附近两处鮡科鱼类产卵场产生一定影响，但影响较小。总体来看，这两处产卵场能够维持原有的生境条件和产卵场功能。

对高原鳅属鱼类产卵场的影响：玉曲河的8种高原鳅均属广布性种类，它们广泛分布于青藏高原各水系，对产卵环境要求较低，繁殖场一般在近岸、支流汇口等缓流浅水处,底质也为砾石、卵石、粗沙砾或有水草的场所。符合以上条件的场所一般在支流与干流的交汇处以及邦达以上河源区,调查河段的各支流及其汇口处的浅水湾等都是适宜高原鳅鱼类繁殖的理想场所。扎拉水电站建成后,对高原鳅属鱼类的产卵场影响较小。

（2）对越冬场的影响

玉曲河鱼类均为典型的冷水性种类,长期的生态适应和演化使其具有抵御极低温水环境的能力,能在低温环境中顺利越冬。枯水期水量小、水位低,鱼类进入缓流的深水河槽或深潭中越冬,这些水域多为岩石、砾石、砂砾、淤泥底质,冬季水体透明度高,着生藻类等底栖生物较为丰富,为其提供了适宜的越冬场所。

扎拉水电站建成后,库区河段水深增加,有利于鱼类越冬,特别是温泉裸裂尻鱼、高原鳅等适应静水生境的种类。

而在坝下减水河段,枯水期水量减幅比例较大,12月至次年2月正是鱼类越冬期,部分鱼类可能退缩至玉曲河下游或怒江干流越冬,但仍有少部分鱼类（如高原鳅等）在减水河段越冬,减水河段水量减少会对鱼类越冬产生一定影响,但由于鱼类会顺流而下寻找新的越冬场,因此影响较小。（表3.1-10～表3.1-15）

表3.1-10　丰水年、平水年、枯水年减水河段鮡科鱼类产卵场①区域河道水域面积变化情况

鮡科鱼类①	丰水年			平水年			枯水年		
	5月	6月	7月	5月	6月	7月	5月	6月	7月
引水前(m²)	37945.57	43760.7	43631.85	34512.28	40490.13	42886.55	29611.68	33413.71	40228.21
引水后(m²)	26561.03	34927.9	32408.71	26561.03	26561.03	28100.53	26561.03	26561.03	26561.03
差值(m²)	−11384.5	−8832.8	−11223.1	−7951.25	−13929.1	−14786	−3050.65	−6852.68	−13667.2
比例(%)	−30.00	−20.18	−25.72	−23.04	−34.40	−34.48	−10.30	−20.51	−33.97

表3.1-11　丰水年、平水年、枯水年减水河段裂腹鱼类产卵场①区域河道水域面积变化情况

裂腹鱼类①	丰水年			平水年			枯水年		
	4月	5月	6月	4月	5月	6月	4月	5月	6月
引水前(m²)	16301.55	19216.26	26214.12	16752.56	18273.86	21283.88	15103.91	16278.05	17708.4
引水后(m²)	13160.4	14498.27	17979	13049.73	14474.93	14474.93	12900.4	14406.55	14407.31
差值(m²)	−3141.15	−4717.99	−8235.12	−3702.83	−3798.93	−6808.95	−2203.51	−1871.50	−3301.09
比例(%)	−19.27	−24.55	−31.41	−22.10	−20.79	−31.99	−14.59	−11.50	−18.64

表3.1-12 丰水年、平水年、枯水年减水河段裂腹鱼类产卵场②区域河道水域面积变化情况

裂腹鱼②	丰水年			平水年			枯水年		
	4月	5月	6月	4月	5月	6月	4月	5月	6月
引水前 (m²)	58094.88	75722.48	86248.24	58964.88	69620.09	79938.62	50647.6	55910.48	66273.68
引水后 (m²)	45709.84	49936.4	69138.8	45831.76	48961.04	48971.2	44592.24	48605.44	49154.08
差值(m²)	−12385	−25786.1	−17109.4	−13133.1	−20659.1	−30967.4	−6055.36	−7305.04	−17119.6
比例(%)	−21.32	−34.05	−19.84	−22.27	−29.67	−38.74	−11.96	−13.07	−25.83

表3.1-13 丰水年5月减水河段3处产卵场0.5~1m水深水域面积变化情况

区域	鮡科鱼产卵场①				裂腹鱼产卵场①				裂腹鱼产卵场②			
	引水前 (m²)	引水后 (m²)	差值 (m²)	变幅 (%)	引水前 (m²)	引水后 (m²)	差值 (m²)	变幅 (%)	引水前 (m²)	引水后 (m²)	差值 (m²)	变幅 (%)
左岸	2251.5	2129.8	−121.7	−5.41	2539.3	2122.4	−416.9	−16.42	3759.2	4673.6	914.4	24.32
右岸	3833.6	4016.1	182.6	4.76	1478.1	4889.1	3411	230.77	6197.6	5943.6	−254	−4.10
合计	6085.1	6145.9	60.9	1.0	4017.4	7011.5	2994.1	74.53	9956.8	10617.2	660.4	6.63

表3.1-14 平水年5月减水河段3处产卵场0.5~1m水深水域面积变化情况

区域	鮡科鱼产卵场①				裂腹鱼产卵场①				裂腹鱼产卵场②			
	引水前 (m²)	引水后 (m²)	差值 (m²)	变幅 (%)	引水前 (m²)	引水后 (m²)	差值 (m²)	变幅 (%)	引水前 (m²)	引水后 (m²)	差值 (m²)	变幅 (%)
左岸	2068.9	2190.6	121.7	5.88	1250.7	2122.4	871.7	69.70	3454.4	4673.6	1219.2	35.29
右岸	12535.1	4016.1	−8519	−67.96	2425.6	4889.1	2463.5	101.56	6573.52	5943.6	−629.92	−9.58
合计	14604	6206.7	−8397.3	−57.50	3676.3	7011.5	3335.2	90.72	10027.92	10617.2	589.28	5.88

表3.1-15　枯水年5月减水河段3处产卵场0.5~1m水深水域面积变化情况

区域	鲤科鱼产卵场①				裂腹鱼产卵场①				裂腹鱼产卵场②			
	引水前（m²）	引水后（m²）	差值（m²）	变幅（%）	引水前（m²）	引水后（m²）	差值（m²）	变幅（%）	引水前（m²）	引水后（m²）	差值（m²）	变幅（%）
左岸	2494.85	2190.6	−304.25	−12.20	1440.2	2122.4	682.2	47.37	7823.2	4673.6	−3149.6	−40.26
右岸	17038	4016.1	−13021.9	−76.43	2766.7	4889.1	2122.4	76.71	7721.6	5943.6	−1778	−23.03
合计	19532.85	6206.7	−13326.2	−68.22	4206.9	7011.5	2804.6	66.67	15544.8	10617.2	−4927.6	−31.70

（3）对索饵场的影响

本工程影响区内由于是峡谷河段,水流湍急,不利于鱼类索饵和育幼,一般跌水、洄水、二道水处是鲤科鱼类的栖息地和索饵场,一些零星的浅滩、洄水、深潭也是裂腹鱼类的索饵、育幼场所。因此工程运行后,坝下减水河段由于鲤科鱼类生境缩小,其索饵场会受到一定影响,对其他鱼类的索饵场影响较小。

3.1.2.5 对鱼类上溯的影响

玉曲河是怒江中上游最大支流,位于中游上段,河口海拔约1900m,天然落差约3000m,为典型高原河流,且生境多样性高。玉曲河源头至美玉乡(开曲沟口)为上游,为高原中低山地貌,河道比降小,水流平缓,高山草甸发育,是裂腹鱼、高原鳅等鱼类重要的育肥场所;中游河段美玉乡(开曲沟口)至左贡县城旺达镇(兰嘎曲沟口),长88.8km,河道落差236m,平均比降2.66‰,为高山峡谷过渡区,河谷由宽逐渐变窄,多呈宽缓的"U"形河谷,多砾石浅滩,是裂腹鱼类重要的产卵生境;旺达镇(兰嘎曲沟口)以下为下游,河段长225km,落差1914m,河道平均比降8.51‰,为高山峡谷区,河谷深切,河道狭窄,多呈"V"字形,是裂腹鱼类、鲤科鱼类的重要栖息地。玉曲河鱼类为典型高原鱼类区系,与怒江中上游鱼类种类组成基本一致,是怒江中上游鱼类资源的组成部分,与怒江中上游鱼类有着密切的天然联系,怒江中上游鱼类在繁殖期可能上溯至玉曲河中上游产卵繁殖,玉曲河鱼类在冬季可能退缩至玉曲河下游和怒江干流深水区越冬。因此,扎拉水电站大坝对玉曲河坝址以下及怒江干流鱼类的阻隔影响显著,对玉曲河扎拉坝址以下河段及怒江干流的裂腹鱼类向玉曲河中上游生殖洄游产生一定影响。

3.1.2.6 对鱼类种类组成的影响

玉曲河为典型的青藏高原鱼类区系,种类组成简单,主要为裂腹鱼、高原鳅和鲱科鱼类。扎拉水电站建成后,电站阻隔、水文情势变化等对鱼类资源造成一定影响,但由于玉曲河扎拉坝址上下及怒江干流都存在鱼类完成生活史并维持一定种群规模的自然河流生境,不会导致某种鱼类的濒危或灭绝,对整个水系的鱼类种类组成不会产生影响。但是在部分河段,鱼类种类组成会有所变化,一是在库区河段,由于水文情势的改变,喜急流生境的鱼类种类会减少甚至消失,而适应静缓流生境的鱼类种类,如高原鳅、温泉裸裂尻鱼等种群规模会有所增长;二是减水河段,由于水量减少,水位下降,水文情势改变,原本适宜鲱科鱼类生存的激流、深潭条件明显减少,减水河段鲱科鱼类种群规模可能会显著缩小,部分个体将向玉曲河下游及怒江干流退缩。

3.1.2.7 对珍稀特有鱼类的影响

影响区分布的珍稀特有鱼类有4种,分别为列入《中国物种红色名录》的裸腹叶须鱼,怒江水系特有鱼类怒江裂腹鱼、贡山裂腹鱼、贡山鲱。

裸腹叶须鱼、怒江裂腹鱼、贡山裂腹鱼均为裂腹鱼亚科鱼类,均具有一定的生殖洄游习性,喜流水生境,其中裸腹叶须鱼对流速要求相对较低。从鱼类资源调查结果来看,3种裂腹鱼广泛分布于怒江上游及玉曲河干支流,其中怒江裂腹鱼在渔获物中所占比例最高,贡山裂腹鱼和裸腹叶须鱼较少。扎拉水电站建设运行后,阻隔了裂腹鱼类生殖洄游的通道,影响坝下鱼类上溯产卵繁殖,但鱼类会寻求新的适宜生境产卵繁殖,但是坝上鱼类资源由于得不到坝下亲鱼产卵的补充,而坝上河段的部分鱼卵、鱼苗顺水而下至坝下,坝上河段鱼类种群规模会有所缩小;库区水文情势改变导致原库区河段的流水性鱼类向库尾及上游退缩,库区河段的流水性鱼类资源会有所下降;坝下减水河段水量减小,水体容量缩小,部分鱼类资源特别是较大的个体会向下游及怒江干流退缩。总体来看,扎拉水电站建设运行后,裸腹叶须鱼、怒江裂腹鱼、贡山裂腹鱼会受到一定的影响,其中阻隔影响较大,但不会导致鱼类多样性的丧失,仅是鱼类资源量会有所下降。

贡山鲱为喜急流生境的鲱科鱼类,玉曲河下游峡谷河段是其重要的栖息地。扎拉水电站建成运行后,在鲱科鱼类产卵繁殖生长期(4—9月)泄放多年平均流量20%~30%的生态流量,可基本满足鲱科鱼类产卵繁殖生长要求。但因坝下59.2km

减水河段水量明显减少,水位降低,水文情势发生改变,部分河段将不再适宜鮡科鱼类栖息、繁殖,减水河段鮡科鱼类将向下游及怒江干流退缩,种群规模将有所下降。

3.1.2.8 对鱼类资源量的影响

玉曲河鱼类种类组成简单,且由于水温低、水体营养负荷低,鱼类资源量总体不高,由于藏族群众不吃鱼、不捕鱼的习惯,玉曲河鱼类资源基本上处于较自然的状态。扎拉水电站建成后,坝上河段由于大坝阻隔,下游成熟亲鱼不能上溯产卵繁殖,对玉曲河中上游鱼类不能形成有效补充,因此坝上河段鱼类资源会有所减少;坝下河段,特别是减水河段,由于水量减少,生境容量降低,减水河段鱼类资源量可能有所下降,其减少幅度可能与流量减少幅度相关。

从不同类型的鱼类来看,鮡科鱼类一般适宜水深流速较大,喜在流水深潭中栖息,减水河段水量减少、水位下降后,深潭的水深、流速下降,但由于河道形态和底质类型等未发生变化,且扎拉坝下生态流量较大,部分深潭生境(枯水年深潭断面最大水深为 0.71~1.43m,平均流速为 0.87~1.28m/s)仍然能够维持一定的生态功能,因此工程运行后减水河段鮡科鱼类资源量会有所下降,部分个体会向厂房以下河段及怒江干流退缩,但由于玉曲河鮡科鱼类资源量相对于怒江干流非常少,因此从怒江流域来看,扎拉水电站减水河段对鮡科鱼类资源量的影响较小。

裂腹鱼类由于适宜的水深、流速相对较小,原减水河段为峡谷急流生境,不太适宜裂腹鱼类栖息,资源量相对上游开阔河段较小,水量减少后,流速变缓,可能有利于裂腹鱼类栖息,且该河段底质巨石较多,水深减小,水库拦砂后水质变清,有利于着生藻类生长,可以为裂腹鱼类提供更加丰富的饵料来源,因此减水河段单位水体中的裂腹鱼类可能较原河段要多,但总量的变化难以预测。

对于厂房以下玉曲河下游河段及怒江干流,由于大坝阻隔裂腹鱼类生殖洄游通道,对鱼类产卵繁殖造成一定影响,可能会影响该区域鱼类资源,但裂腹鱼类对产卵场生境条件要求不高,在流水砾石浅滩即可繁殖,因此鱼类会寻求新的产卵场,在不叠加怒江干支流其他梯级开发的情况下,鱼类资源量不会显著下降。

3.1.3 对水生态系统结构和功能的影响分析

生态系统结构是指生态系统各种成分在空间上和时间上相对有序稳定的状态,包括形态和营养关系两方面的内容。

生态系统的形态结构:生态系统的生物种类、种群数量、种的空间配置（水平分布、垂直分布）、种的时间变化(发育)等,构成了生态系统的形态结构。

生态系统的营养结构:生态系统各组成成分之间建立起来的营养关系,构成了生态系统的营养结构,它是生态系统中能量和物质流动的基础。生态系统的功能主要包括物质循环、能量流动和信息传递,生态系统物质循环和能量流动会处在一个动态平衡状态。

玉曲河流域位于青藏高原东南部,人类活动干扰较少,生态系统结构和功能完整,生态系统处于动态平衡的良好状态。扎拉水电站建设运行后,河流连通性被破坏,库区水文情势发生改变,减水河段水量减少,对河流生态系统结构和功能将产生一定影响。结构上,鱼类种群数量、分布将受到一定影响,主要是阻隔影响裂腹鱼类洄游,影响坝上和坝下鱼类资源补充;减水河段生境改变对鲱科鱼类的影响,主要是部分个体将向下游和怒江干流退缩。功能上,大坝的阻隔会一定程度上影响上游泥沙、营养物质向下游的输移,影响生态系统信息传递。

总体上看,扎拉水电站建设运行后,玉曲河生态系统结构会略有变化,主要是鱼类分布和种群数量上有所改变,但不会影响种群的生存,食物链及各营养级完整,生态系统功能受到一定影响,但物质循环、能量流动和信息传递的功能依然能够正常实现。在采取过鱼设施、增殖放流、下泄生态流量、栖息地保护等措施后,生态系统经过一段时间的自我调节,玉曲河河流生态系统将会逐步恢复至新的动态平衡。

3.2 宗通卡水利枢纽对水生生态的影响

3.2.1 水生生态现状

3.2.1.1 种类组成

根据调查结果,结合《西藏鱼类及其资源》(西藏自治区水产局,1995年)、《青藏高原鱼类》(武云飞 等,1991年)等文献资料,评价范围内分布鱼类8种,隶属于2目3科5属。种类组成为鲤形目鲤科(裂腹鱼亚科)、鳅科和鲶形目鲱科鱼类,为典型青藏高原鱼类区系。其中鲤形目鲤科(裂腹鱼亚科)4种,鳅科3种,鲶形目鲱科1种。

3.2.1.2 重点保护、特有、濒危种类

评价区域内无国家级或自治区重点保护鱼类分布。

在《中国濒危动物红皮书》中,裸腹叶须鱼被列为易危种(V)。

在《中国物种红色名录》中,澜沧裂腹鱼、细尾鮡被列为濒危种(EN),裸腹叶须鱼被列为易危种(VU)。

调查区域内分布有澜沧江水系特有鱼类3种,分别为澜沧裂腹鱼、前腹裸裂尻鱼、细尾鮡。(表3.2-1)

表3.2-1　昂曲鱼类种类组成及调查情况

目	科	属	种	保护等级	现状调查
鲤形目	鲤科	裂腹鱼属	光唇裂腹鱼		√
			澜沧裂腹鱼	澜沧江特有鱼类;EN	√
		叶须鱼属	裸腹叶须鱼	V、VU	√
		裸裂尻鱼属	前腹裸裂尻鱼	澜沧江特有鱼类	√
	鳅科	高原鳅属	细尾高原鳅 T. stenura		√
			短尾高原鳅		
			斯氏高原鳅		√
鲇形目	鮡科	鮡属	细尾鮡	澜沧江特有鱼类;EN	√

注:"√"表示现状调查采集到的种类,"V"表示《中国濒危动物红皮书》易危种,"EN""VU"分别表示《中国物种红色名录》濒危种、易危种。

3.2.1.3 主要鱼类生物学特征

(1)光唇裂腹鱼(图3.2-1)

图3.2-1　光唇裂腹鱼

分类地位：鲤形目鲤科裂腹鱼亚科。

生态习性：为底层冷水性鱼类。以刮食岩石或泥底表层藻类为食，兼食植物碎叶片。根据《青藏高原鱼类》描述，每年6月、7月在青海省囊谦扎曲可见集群产卵鱼群，10月后鱼群分散，下游或潜入深水沱中。昂曲中下游海拔较囊谦低，繁殖季节应在4—6月。

地理分布：为我国青海、西藏、云南常见高原鱼类，主要分布于澜沧江上、中游。评价区内有分布。

（2）澜沧裂腹鱼（图3.2-2）

图3.2-2　澜沧裂腹鱼

分类地位：鲤形目鲤科裂腹鱼亚科。

生态习性：为底层冷水性鱼类。主食丝状藻和植物碎屑。繁殖期为4—8月，主要繁殖期为4—6月。

地理分布：分布于澜沧江水系上游干支流，西藏、云南均有分布。评价范围内主要分布在昂曲下游河口河段。

（3）裸腹叶须鱼（图3.2-3）

图3.2-3　裸腹叶须鱼

分类地位：鲤形目鲤科裂腹鱼亚科。

生态习性：栖息于高原江河干流回水或缓流砂石底处，为高原常见底栖性冷水鱼类。较小的个体常栖息于岸边流速较缓处。主要以水生昆虫和摇蚊幼虫为食，兼食硅藻类。每年4—5月为繁殖季节产卵盛期。

地理分布:分布于我国澜沧江、怒江、金沙江上游干支流。评价区内有分布。

(4)前腹裸裂尻鱼(图3.2-4)

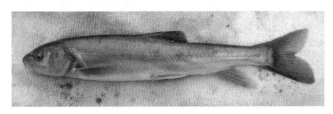

图3.2-4 前腹裸裂尻鱼

分类地位:鲤形目鲤科裂腹鱼亚科。

生态习性:常栖息于宽谷河流水流较缓处及支流,主要摄食着生藻类,食物中还见有鞘翅目和双翅目昆虫残体。5月以后产卵,主要繁殖季节在5—6月。

地理分布:澜沧江水系上游干支流。评价区内有分布。

(5)细尾鮡(图3.2-5)

图3.2-5 细尾鮡

分类地位:鲇形目鮡科。

生态习性:常栖息于水流湍急、多石的岸边。鮡科鱼类繁殖水温高于同区域分布的裂腹鱼类,一般要到汛期开始,水温明显上升后的5—6月才开始繁殖,6—7月是其繁殖盛期。

地理分布:澜沧江上游干支流。评价区内有分布。

3.2.1.4 生态特征

(1)生境特征

急流底栖类群:此类群部分种类具有特化的吸盘或类似吸盘的附着结构,适于附着在急流河底的物体上生活,主要以底栖动物为食,评价区分布有1种,为细尾鲍。

流水类群:此类群主要生活在江河流水环境中,体长形,略侧扁,游泳能力强,适应于流水生活,是该河段种类最多的类群。该类群有裂腹鱼亚科的光唇裂腹鱼、澜沧裂腹鱼、裸腹叶须鱼、前腹裸裂尻鱼,鳅科的细尾高原鳅、斯氏高原鳅、短尾高原鳅等。其中,裂腹鱼属的种类和叶须鱼属的种类更适应于流水较大的水体,而裸裂尻鱼属和高原鳅属的种类一般适应于水流较缓甚至静水环境。

(2)食性

调查区域内鱼类食性可划分为3类。

以着生藻类为食的类群:该类群大多为口下位,具有锋利的下颌,用以刮食河流底质上的着生藻类,食物还包括有机碎屑及少量底栖无脊椎动物。这一类群有裂腹鱼亚科的光唇裂腹鱼、前腹裸裂尻鱼等。

以底栖无脊椎动物为食的类群:该类群以摄食水生昆虫的成虫、幼虫或其他底栖无脊椎动物为主,有的种类也摄食少量着生藻类和植物碎屑。这一类群有澜沧裂腹鱼、裸腹叶须鱼、细尾鲍等。

杂食性类群:此类群部分种类既摄食水生昆虫等动物性饵料,也摄食藻类及植物碎屑等,这一类群主要为高原鳅属鱼类。

(3)繁殖习性

昂曲分布的鱼类均为产黏沉性卵鱼类,但根据不同种类的产卵繁殖习性,又可分为以下3种类型。

流水砾石滩产卵类型:主要为裂腹鱼类,一般早春3—4月,冰雪融化,水温升高,鱼类开始由深潭、主河槽顺着水流向上游和支流上溯,寻找合适的产卵场所,一般在干支流水深较浅、水体较为清澈,底质为砂和砾石的长滩产卵。产出的卵粒为沉性,具有轻微的黏性,大部分受精卵聚集在小坑内进行胚胎发育,从而避免了被水流冲到河流下游不适宜的环境中去。

急流深潭产卵类型:主要为细尾鲍,一般在急流近岸深水区、巨石底质、有一定洄水的区域产卵。

河岸边浅滩缓流产卵类型:主要为高原鳅等小型种类,它们个体较多,散布于不同的河段、支流等各类水体,完成生活史所要求的环境范围不大,它们主要在沿岸带适宜的小环境中产卵,一般为细砂质底质,浅水、缓流或静水,甚至有一定水草的区域内。

（4）洄游习性

根据鱼类生态习性,昂曲鱼类整个生活史过程都生活在河流附近水域,不需要穿越不同类型或性质的水域进行长距离洄游,不属于长距离洄游性鱼类。但是随着季节变化,干支流、上下游水温、水量发生变化,饵料生物种类组成和生物量具有时空差异,鱼类为完成产卵、索饵、越冬等生活史过程,会进行短距离上溯或下游,主要是光唇裂腹鱼、澜沧裂腹鱼、裸腹叶须鱼、前腹裸裂尻鱼四种裂腹鱼。鮡科鱼类和高原鳅属鱼类均为定居性种类,洄游要求不高。

3.2.1.5 鱼类"三场"(表3.2-2)

（1）产卵场

2014年7月26日至8月15日和2018年6月4日至15日,水利部中国科学院水工程生态研究所对昂曲鱼类产卵场进行了现场调查。

①裂腹鱼类的产卵场

裂腹鱼类对产卵场条件要求并不严格,一般在砾石浅滩、水质较清澈的流水河段产卵繁殖,鱼类产卵后,受精卵落入石砾缝中,在河流流水的冲刷中顺利孵化,有的裂腹鱼在河滩地掘沙砾成浅坑,产卵于其中并孵化。昂曲为典型的高山峡谷河流,特别是在西藏境内宽谷江段极少且短,干流比较集中的产卵场较少,多为零星、分散的浅滩,如支流汇口、河流拐弯处等。(图3.2-6)

通过实地调查和有关文献资料,宗通卡库尾以上分布有2处,坝下分布有6处相对集中的裂腹鱼类产卵场,在各支流汇口、河流拐弯处等分布有零散的小规模适宜裂腹鱼类产卵的生境。

A. 宗通卡库尾以上河段裂腹鱼类产卵场

在义曲汇口附近的干流河段分布有相对集中的裂腹鱼类产卵场,长约4km。该处河流蜿蜒曲折,一般在河流的凹面,即河岸的凸面,形成浅滩,适于裂腹鱼类产卵繁殖。另外,该江段有支流义曲汇入,在河口及支流下游,在春季裂腹鱼类繁殖季节,水量较小,水深较浅,也适于裂腹鱼类的产卵繁殖。

另外,在甲桑卡乡瓦日村附近河段分布有相对集中的裂腹鱼类产卵场,长约4km。该江段河谷较宽,河中多江心滩,江心滩周围及河岸带均有大面积适宜裂腹鱼类产卵繁殖的场所。该江段右岸有2条小型支流汇入,支流汇口处形成一定范围的冲积浅滩,亦适宜裂腹鱼类产卵繁殖。宗通卡坝址以上河段为典型峡谷急流河段,在局部区域如河流蜿蜒的凸面、支流汇口等存在零星的砾石浅滩,可能有小规模的裂腹鱼类产卵繁殖,如索土村附近、芒达村附近、卡洛村附近、恩达曲河口等河段。

B. 宗通卡坝下河段裂腹鱼类产卵场

昂曲干流宗通卡坝址至河口河段分布相对集中的裂腹鱼类产卵场有6处,分别位于郎达村上游1km、约宗村下游1km、达东村下游1km、温达村、果洛村、琼卡村下游1km。

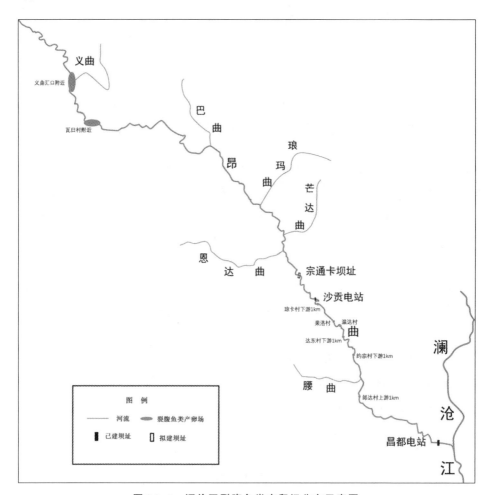

图3.2-6 评价区裂腹鱼类产卵场分布示意图

②鮡科鱼类的产卵场

鮡科鱼类的卵有弱黏性,也需要在礁石、砾石堆中孵化,它们的产卵场与裂腹鱼不同,多分布于水流较为湍急河段的近岸区域,包括跌水以及一些巨石底质形成的洄水、深潭区域。鮡科鱼类为定居性鱼类,栖息、繁殖均在这些区域,产卵场位置相对稳定。鮡科鱼类的产卵场较为分散,且一般规模不大。

③高原鳅产卵场

高原鳅对产卵环境要求很低,产卵场一般在近岸缓流处,底质也为砾石、卵石、粗沙砾或有水草的场所。符合以上条件的场所一般在支流与干流的交汇处以及支流水流平缓处,调查河段各支流及其汇口处的浅水湾等场所较适于高原鳅鱼类繁殖。

(2) 索饵场

调查江段主要经济鱼类多以着生藻类、底栖动物、有机碎屑等为主要食物。浅水区光照条件好,砾石底质适宜着生藻类生长,往往是鱼类索饵的场所。其一般在干流的缓流江段、支流汇口等。

鱼类育幼是鱼类生活史中一个非常关键的阶段,由于仔鱼、幼鱼游泳能力差,主动摄食能力不强,抗逆性弱,适宜的育幼环境是鱼类种群增长的必要条件,一些小型支流、干支流的浅水区是裂腹鱼类和高原鳅的重要育幼场,本次野外调查过程中,在腰曲、恩达曲等支流均捕获到体长20mm左右的裂腹鱼和高原鳅幼鱼。

(3) 越冬场

调查江段鱼类长期的生态适应和演化使其具有抵御低温水环境的能力,能在低温环境中顺利越冬。河流枯水期水量小,水位低,鱼类进入缓流的深水河槽或深潭中越冬,这些水域多为岩石、砾石、沙砾底质,为其提供了适宜的越冬场所。

3.2.1.6 鱼类资源现状

2011年5月28日至7月14日、10月28至11月26日,水利部中国科学院水工程生态研究所在昂曲采集到鱼类4种,分别为细尾高原鳅、光唇裂腹鱼、裸腹叶须鱼、前腹裸裂尻鱼;访问当地群众,有分布的种类有2种,分别为澜沧裂腹鱼、细尾鮡。

表3.2-2 评价区及周边区域"鱼类三场"分布

类型	位置	长度	种类	生境概况	与工程位置关系
产卵场	义曲汇口附近的干流江段	4km	裂腹鱼类	该处河流蜿蜒曲折,一般在河流的凹面,即河岸的凸面,形成浅滩;支流义曲汇入,在河口及支流下游,水深较浅	位于库尾上游67.5km

类型	位置	长度	种类	生境概况	与工程位置关系
产卵场	甲桑卡乡瓦日村附近江段	4km	裂腹鱼类	该江段河谷较宽,河中多江心滩;右岸有2条小型支流汇入,支流汇口处形成一定范围的冲积浅滩	位于库尾上游57.2km
	郎达村上游1km、约宗村下游1km、达东村下游1km、温达村、果洛村、琼卡村下游1km河段分布有相对集中的裂腹鱼类产卵场				昂曲干流宗通卡坝下至河口河段
索饵场	一般在干流的缓流江段,支流汇口是裂腹鱼类、高原鳅、鮡科的索饵场				评价区分布
越冬场	深水河槽或深潭中,多为岩石、砾石、沙砾底质				评价区分布

2014年8月5日至15日,在昂曲干流江麻村、吉多、沙贡电站库尾、沙贡电站库中、昌都电站库尾、昌都电站库中,支流巴曲、琅玛曲、恩达曲、腰曲,共采集鱼类479.4g、64尾,经鉴定为5种,分别为裸腹叶须鱼、前腹裸裂尻鱼、斯氏高原鳅、细尾高原鳅、细尾鮡。(表3.2-3)

表3.2-3 昂曲渔获物统计(2014年8月)

种类	尾数(尾)	尾数百分比(%)	重量(g)	重量百分比(%)	体长(mm)		体重(g)	
					范围	平均值	范围	平均值
裸腹叶须鱼	3	4.7	336.5	70.2	81~288	157	5~263.1	84.1
前腹裸裂尻鱼	19	29.7	13.4	2.8	25~54	42	0.1~1.9	1
斯氏高原鳅	13	20.3	10.5	2.2	25~77	36.2	0.1~5.8	0.8
细尾高原鳅	28	43.8	42.7	8.9	21~148	50.2	0.1~28.8	2.7
细尾鮡	1	1.6	76.3	15.9		174		76.3
合计	64	100.0	479.4	100.0				

2018年6月4日至15日,在宗通卡库尾、宗通卡库中、沙贡坝下昂曲干流江段及支流恩达曲共采集鱼类3461.1g、127尾,经鉴定为7种,分别为裸腹叶须鱼、光唇裂腹鱼、澜沧裂腹鱼、前腹裸裂尻鱼、斯氏高原鳅、细尾高原鳅、细尾鮡。(图3.2-7)渔获物中,前腹裸裂尻鱼的尾数百分比和重量百分比均最高,重量百分比居第二位的是裸腹叶须鱼,总体情况与2014年8月的调查结果(表3.2-4)基本一致,本次调查渔获物中新增光唇裂腹鱼、澜沧裂腹鱼。

表 3.2-4　昂曲渔获物统计（2018年6月）

种类	尾数（尾）	尾数百分比（%）	重量（g）	重量百分比（%）	体长（mm）		体重（g）	
					范围	平均值	范围	平均值
裸腹叶须鱼	13	10.24	734	21.21	11～220	163.8	16～121	56.5
光唇裂腹鱼	5	3.94	457	13.20	55～255	162.2	3～203	91.4
澜沧裂腹鱼	11	8.66	335	9.68	55～215	111.4	3～119	30.5
前腹裸裂尻鱼	69	54.33	1783	51.52	43～186	121.9	1～85	25.8
斯氏高原鳅	23	18.11	103	2.98	43～140	78.7	1～23	4.8
细尾高原鳅	4	3.15	11	0.32	61～72	68.3	2～3	2.8
细尾鮡	2	1.57	38.1	1.10	30～127	78.5	0.1～38	19.1
合计	127	100.0	3461.1	100.0				

现场调查工作照

渔获物

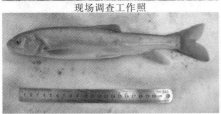

前腹裸裂尻鱼

裸腹叶须鱼

图 3.2-7　现场调查及渔获物照片

　　根据文献资料调研和现场采样调查,从鱼类区系组成来看,昂曲、澜沧江干流西藏段鱼类区系一致,为典型青藏高原鱼类区系,种类组成以裂腹鱼亚科、条鳅亚科高原鳅属、鮡科为主体;从现场采样调查渔获物数据来看,昂曲渔获物以裸腹叶须鱼、前腹裸裂尻鱼为主,澜沧江干流以澜沧裂腹鱼、光唇裂腹鱼等为主。

3.2.1.7 鱼类资源现状评价

昂曲为高原峡谷急流,水流湍急,水温较低,河水含沙量高,初级生产力低,鱼类种类少。评价范围内分布鱼类8种,种类组成为鲤形目鲤科(裂腹鱼亚科)、鳅科和鲇形目鮡科鱼类,为典型青藏高原鱼类区系;鱼类种群规模不大,且鱼类生长缓慢、性成熟晚,种群世代更替较慢。

3.2.2 影响分析

3.2.2.1 施工干扰对鱼类的影响

施工期间,枢纽工程施工导流、截流等涉水施工将干扰、占用水体,可能会增加周边水域鱼类伤亡概率,也不利于鱼类栖息生长。水域中悬浮物的含量增加,影响鱼类的滤水和呼吸功能,可能会对其造成损伤。施工期间废水废渣排放可能导致水体质量下降,破坏水生生境,影响鱼类的生长,需要加强水环境管理。施工期昂曲水质受影响较小,因此水质变化对鱼类栖息生境影响较小。

另外,施工期间来自施工机械和交通运输等的噪声除对鱼类的干扰外,还会对鱼类造成一定程度上的驱赶作用,所以在鱼类繁殖期(4—6月)应尽量避免爆破等高噪声施工。

3.2.2.2 水环境改变对鱼类的影响

宗通卡水库水温结构为混合型,水库蓄水后,对下泄水体的水温影响较小,因此对坝下鱼类影响较小。

工程实施后,库区及坝址下游砷、化学需氧量、氨氮、总磷、总氮浓度有所变化,但均满足《地表水环境质量标准》(GB 3838—2002)Ⅲ类标准,铁、锰由于天然地质背景原因在丰水期和平水期部分河段超标,对库区及坝址下游鱼类生长等影响较小。由于库区营养物质富集,鱼类饵料生物增加,对一些适应静缓流生境的种类(如前腹裸裂尻鱼、高原鳅等)生长有利。

宗通卡水利枢纽泄洪将引起坝下总溶解气体过饱和,类比分析预测消力池出口处的总溶解气体饱和度约140%,经过二道坝和护坦区的快速释放并与尾水掺混,宗通卡消力池出口下游2km水域的总溶解气体饱和度范围是120%~135%,该水域分布有零星产卵场,大部分主要鱼类繁殖期位于汛期,因此该水域可能对抵御过饱和总溶解气体(TDG)能力较弱的幼鱼有一定影响。考虑到该区域泄洪水流与尾水可能未横向混合均匀,在左岸会形成一定范围的低TDG饱和度区,加之汛期为过鱼期,将营造诱鱼流态,鱼类可水平探知低TDG饱和度区和利用补偿水深躲避TDG不利影响。宗通卡下游昂曲为天然河道且水深较浅,过饱和TDG释放较快,至昂曲汇口时TDG饱和度接近标准限制110%。总体上看,宗通卡泄洪引起的TDG过饱和对汇昂曲干流坝下至河口河段内的鱼类等水生生物的影响较小,但工程溢洪道消力池下游一定范围内鱼类(特别是仔、幼鱼)受影响较大。

另外,宗通卡水库随来水流量的季节性变化有一定的水力滞留时间,下泄水温存在一定程度的延迟,将对坝下鱼类的产卵繁殖、生长等造成一定影响,鱼类产卵期推迟,生长期滞后,可能对鱼类种群产生一定影响。

汛期冲沙对下游鱼类将造成一定影响,主要是对仔、幼鱼和产卵场产生不利影响。根据澜沧江昌都水文站长期泥沙实测资料,澜沧江汛期最大月均含沙量可达1.44kg/m³,且昌都境内昂曲分布的鱼类在澜沧江也有分布,因此,昂曲鱼类能适应含沙量为1.39kg/m³的水体。另外,根据扎曲香达水文站长期泥沙实测资料,扎曲与昂曲基本相同。据了解,扎曲已建的果多水电站每年汛期利用排沙中孔排沙,排沙时间约1h,现场观察发现排沙时坝下河段水体出现短时间的浑浊现象,4~6h后坝下河段水体的浑浊程度基本恢复到排沙前状态,坝下河段并未发现鱼类死亡情况。通过鱼类资源调查可知,扎曲鱼类区系组成与昂曲基本相似,因此类比分析可知,宗通卡工程运行排沙对坝下鱼类资源影响也较小。为进一步减缓汛期冲沙对鱼类的影响,将加强冲沙时段及方式的研究,降低下泄水体泥沙含量,尽量避开鱼类主要繁殖产卵时段。

3.2.2.3 对鱼类种类组成的影响

工程建成运行后,形成峡谷型水库,原有连续的峡谷急流生态系统将被大坝阻隔,影响部分鱼类进行短距离上溯或下游,如裸腹叶须鱼、前腹裸裂尻鱼、澜沧裂腹鱼、光唇裂腹鱼等繁殖时期需要上溯至上游或支流产卵繁殖;鮡科鱼类和高原鳅属鱼类均为定居性鱼类,阻隔影响相对较小。但是对所有鱼类而言,由于大坝的阻隔,鱼类种群交流会受到不同程度的影响。

水库的形成也使库区原本急流的河流态生境转变为缓流或静水生境,流水性鱼类适应的流水生境丧失或缩小,大部分流水性鱼类逐渐向库尾或支流退缩,种群规模将有所下降,如细尾鮡。

总体而言,由于调查区域为典型的青藏高原鱼类区系,群落结构简单,种类组成仅包括裂腹鱼类、高原鳅类和鮡类。这些种类都不属于长距离洄游性鱼类,且均为产黏沉性卵鱼类,工程建成运行将导致鱼类种群规模有所下降,但不会导致鱼类无法完成生活史。因此,在保证水生态保护措施落实情况下,评价区的鱼类种类组成不会发生改变。

3.2.2.4 对鱼类资源量的影响

工程运行后,将改变坝址上下游水文情势等,将对鱼类资源量产生影响。现分别对评价区8种鱼类资源量的影响进行分析预测。

(1) 光唇裂腹鱼、澜沧裂腹鱼

2种裂腹鱼为喜急流生境种类,主要分布在澜沧江上游干流,其主要分布海拔范围为1200~3200m,评价区内有分布但资源量相对较少。工程建成运行后,库区江段缓流生境适宜性降低,种群会向库尾及以上江段退缩,且坝下种群无法上溯产卵繁殖,对坝上种群资源补充不足。坝下江段由于阻隔影响,水文情势改变,鱼类资源会受影响。

(2) 裸腹叶须鱼

裸腹叶须鱼为评价区范围内资源量较多的种类,分布在河流的峡谷急流和宽谷缓流江段,食物以底栖动物、有机碎屑、硅藻等为主,具有一定的生殖洄游特性,一般在繁殖季节上溯至上游或较大型支流的流水砾石浅滩产卵繁殖。裸腹叶须鱼个体较大,适应静水生境的能力稍差,对产卵场的要求相对较高,一般需要较大水体,在河流上游或大型支流的宽谷河段,寻找大型的砾石浅滩产卵繁殖。工程建成运行后,库区江段水流变缓,由于是河道型水库,库区江段仍然保持一定流速,裸腹叶须鱼能够适应库区生境。坝下河段,部分个体可能会寻找到适宜的产卵生境,考虑到昂曲下游峡谷生境较多,仅在河流弯道处有小型的砾石滩,难以满足裸腹叶须鱼产卵繁殖需求,种群资源量会受到影响。

(3) 前腹裸裂尻鱼

前腹裸裂尻鱼是评价范围内分布较广的种类,适应能力强,急流、缓流和静水生境均有分布,以刮食硅藻为食,具有生殖洄游习性,繁殖季节上溯至支流或河流上游产卵繁殖。工程建成运行后,有利于提高库区水体透明度,营养物质滞留,有利于着生藻类生长,库尾、库周浅水区域前腹裸裂尻鱼种群规模可能增加,但是,由于前腹裸裂尻鱼是底层刮食性的鱼类,在坝前深水区其种群规模可能较小。坝下部分河段受水文情势改变等影响,鱼类资源量会有所下降,但总体来看,其资源量将依然维持较高水平。

（4）细尾鮡

细尾鮡为喜急流生境的定居性种类,工程建成运行后,库区内的种群资源量将有所下降,主要表现在库区部分河段急流生境减少,部分种群将向库尾以上河段或支流迁移;坝下河段,水文情势改变对细尾鮡的生境产生一定影响,细尾鮡种群规模将有所下降。

（5）高原鳅属鱼类

细尾高原鳅、斯氏高原鳅、短尾高原鳅为杂食性定居性种类,适应性强,在评价区范围内分布广泛,一般缓流浅水区的小生境就能满足其繁殖产卵的要求。工程建成运行后,库区营养物质增加、浮游生物生物量增加,有利于高原鳅索饵,库区种群资源量可能会有所增加。

另外,在工程泄洪和引水过程中,由于气体过饱和、误入输水管道等,对仔鱼、幼鱼、鱼卵影响较大,将造成一定程度的鱼类资源损失。

3.2.2.5 对鱼类重要生境的影响

根据调查成果和有关文献资料,宗通卡库尾以上昂曲干流分布有2处相对集中的产卵场,即义曲汇口附近的干流江段和甲桑卡乡瓦日村附近江段;宗通卡坝下昂曲干流分布有6处相对集中的裂腹鱼类产卵场;在各支流汇口、河流拐弯处等分布有零散的小规模适宜裂腹鱼类产卵的生境。

水库蓄水后,水位壅高64.39m,水库洄水长度22kg,库区淹没不会对上游2处相对集中的产卵场产生不利影响,但库区河段零散分布的鱼类产卵场将因淹没而丧失生态功能。另外,评价范围内分布的鱼类以产黏沉性卵为主,对产卵场条件要求不严格,在砾石浅滩、水质较清澈的河段即可产卵繁殖,如裂腹鱼类在砾石浅滩即可繁殖,鮡科鱼类的产卵场分布较为零星和分散,宗通卡库区及坝下江段仍有零星适宜鱼类的产卵生境分布。工程建成运行后,库区适宜鱼类产卵的小生境将减少,会影响鱼类的繁殖。宗通卡水库不具备调节能力,且引水流量(2.954m³/s)仅占坝址处多年平均流量的2%,工程引水后,郎达村产卵场月均水深降幅0.01～0.05m,平均水面宽降幅0.08～0.46m,流速最大减幅0.05m/s,坝下游河道水文情势变化较小;宗通卡水库不承担日调峰任务,坝下游河道日内水文情势变化小,因此,对鱼类重要生境的影响很小。

评价范围内裂腹鱼类、高原鳅索饵场主要分布于支流汇口、河流浅滩等,工程建成运行后,库区支流河口被淹没,支流库湾将成为新的索饵场,对鱼类影响较小。鮡科鱼类以底栖动物为食,工程运行对底栖动物生长影响较大,间接影响鮡科鱼类的索饵。总体上,工程建成运行对裂腹鱼类、高原鳅索饵场影响不大,对鮡科鱼类的索饵有一定影响。

昂曲鱼类种群属于青藏高原高海拔高寒环境的种类,具备抵御低温水环境的能力,工程建成运行后,库区水体加深,有利于鱼类越冬。

3.2.2.6 对珍稀特有鱼类的影响

评价区水域内无国家级保护鱼类分布;裸腹叶须鱼被《中国濒危动物红皮书》列为易危种;在《中国物种红色名录》中,澜沧裂腹鱼、细尾鮡被列为濒危种,裸腹叶须鱼被列为易危种。另外,评价区水域内分布有澜沧江水系特有鱼类3种,分别为澜沧裂腹鱼、前腹裸裂尻鱼、细尾鮡。根据前述分析,裸腹叶须鱼、澜沧裂腹鱼种群规模有所下降;前腹裸裂尻鱼由于其能够适应静流、缓流生境,且能在支流等小水体中产卵繁殖,水库形成后其种群规模可以得到维持并可能有所增大;细尾鮡在工程影响区有一定分布,其为急流定居性种类,水库形成后,库区江段急流生境消失,种群向库尾退缩,种群规模有所下降。通过采取措施,可以减缓、补偿工程对鱼类种群规模、繁殖和栖息的不利影响。

3.2.3 对水生态系统结构和功能的影响分析

3.2.3.1 昂曲是澜沧江上游水系的重要组成部分

昂曲是澜沧江最大支流,是澜沧江的"西源",是澜沧江上游水系的重要组成部分,其地理气候特点、生物区系特征等与主源扎曲十分相似。从鱼类种类组成上来看,昂曲、扎曲及澜沧江干流西藏段鱼类种类组成基本一致,其中主要种类裂腹鱼类具有较强的生殖洄游习性,鱼类种群间有着密切的交流、裂腹鱼类一般在繁殖期洄游上溯至上游或支流产卵繁殖,幼鱼又顺水而下进入下游干流索饵、越冬,支流与干流形成有机的整体,为鱼类等水生生物提供了完成生活史的必要条件,鱼类等水生生物也是经过了长期进化适应河流干支流、急流浅滩等多样性的生境条件。

根据澜沧江流域综合规划,昂曲汇口以下澜沧江干流有12km的禁止开发区,禁止开发区下游滇藏省界附近有长386km的规划保留区,因此在将来很长一段时期,该河段都将维持较好的自然河流形态,其和较大的支流色曲、麦曲等,是澜沧江上游鱼类重要栖息地。而昂曲汇口以上的扎曲干流有134km的开发利用区,目前扎曲距河口60km处已建果多水电站,下游还规划有林场、如意、向达等梯级,均处于开发利用河段,这些梯级的开发将严重影响扎曲与下游澜沧江干流的连通性,阻隔澜沧江干流鱼类向扎曲的洄游通道。在此条件下,昂曲作为澜沧江干流裂腹鱼类等的生殖洄游通道显得尤为重要。

3.2.3.2 昂曲是典型的高原河流,西藏境内中下游河段分布有裂腹鱼类产卵场

昂曲是典型的高原河流,中下游以峡谷急流生境为主。昂曲评价河段主要鱼类有8种,其中4种裂腹鱼类具有较强生殖洄游习性。根据调查研究成果及相关文献资料,宗通卡库尾以上分布有2处,坝下分布有6处相对集中的裂腹鱼类产卵场,在各支流汇口、河流拐弯处等分布有零散的小规模适宜裂腹鱼类产卵的生境,下游急流段也是鳅科鱼类的重要生境。

3.3 青峪口水库对水生生态的影响

3.3.1 水生生态现状

3.3.1.1 种类组成

2015—2017年,在对大通江、小通江鱼类系统调查的基础上,结合2009年和2013年四川大学在该区域的调查采集数据,确定大通江、小通江分布有鱼类57种。与《四川诺水河珍稀水生动物自然保护区综合考察报告》记录的种类相比,长薄鳅、中华花鳅、鳡、赤眼鳟、鲸、洛氏鱥、方氏鲴、细鳞鲴、似鳊、彩石鳑鲏、飘鱼、红鳍原鲌、尖头鲌、张氏鳘、厚颌鲂、花䱻、华鲮、银鮈、圆口铜鱼、圆筒吻鮈、钝吻棒花鱼、异鳔鳅鮀、四川白甲鱼、瓣结鱼、重口裂腹鱼、短身金沙鳅、中华金沙鳅、长吻鮠、短尾拟鲿、黑尾鲱、白缘䱀、中华纹胸鮡、青石爬鮡、黄石爬鮡、青鳉、小黄黝鱼、叉尾斗鱼三十七种鱼类,在调查期间没有采集到,难于确认现有分布;尖头鱥、短须鱊、贝氏鳘、点纹银鮈、裸腹片唇鮈、乐山小鳔鮈、光唇蛇鮈、光泽黄颡鱼、圆尾拟鲿、拟缘䱀、福建纹胸鮡十一种为新增的有采集记录或确认现有分布的种类;洛氏鱥、银鮈、中华纹胸鮡分别重新核实鉴定为尖头鱥、点纹银鮈、福建纹胸鮡;彩石鳑鲏为中华鳑鲏的同物异名,修订为中华鳑鲏。

调查范围内(包括大通江、小通江及支流陈河、刘家河)共有鱼类57种,分别隶属4目11科43属。其中,大通江57种,小通江54种,小通江的种类在大通江均有分布,而贝氏高原鳅、尖头鲅、中华裂腹鱼仅分布于大通江。小通江支流陈河和刘家河为小通江下游右岸的小支流,河道很窄,无典型的砂卵石边滩和深潭,且在平水期、枯期水量很小,不适合鱼类产卵和越冬,鱼类主要有宽鳍鱲、嘉陵颌须鮈、麦穗鱼、黑鳍鳈、点纹银鮈等小型种类,在洪水季节从小通江干流上溯进入这些支流索饵,洪水退后大多随水流退回干流河段。

鲤形目为主要类群,有3科32属37种,占总种数的63.15%;鲇形目4科7属15种,占总种数的26.32%;鲈形目3科3属5种,占总种数的8.77%;合鳃鱼目1科1属1种,占总种数的1.76%。(表3.3-1)

表3.3-1 调查范围内鱼类属、种百分比

目	科	属数	属数占比(%)	种数	种数占比(%)
鲤形目	鳅科	5	11.63	5	8.77
鲤形目	鲤科	26	60.47	30	52.63
鲤形目	平鳍鳅科	1	2.33	1	1.75
鲇形目	鲇科	1	2.33	2	3.51
鲇形目	钝头鮠科	1	2.33	2	3.51
鲇形目	鲿科	4	9.30	10	17.54
鲇形目	鮡科	1	2.33	1	1.75
合鳃鱼目	合鳃鱼科	1	2.33	1	1.75
鲈形目	鮨科	1	2.33	3	5.26
鲈形目	鰕虎鱼科	1	2.33	1	1.75
鲈形目	鳢科	1	2.33	1	1.75
合计	11	43	100.00	57	100.00

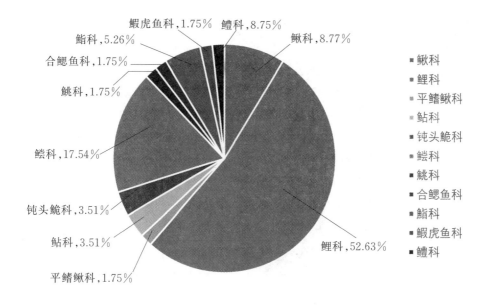

图3.3-1 调查范围内各科鱼类种类百分比分布图

其中,小通江共有鱼类54种,隶属于4目11科40属,其中鲤形目最多,有3科29属34种,占总种数的62.96%;鲇形目4科7属14种,占总种数的25.92%;鲈形目3科3属5种,占总种数的9.26%;合鳃鱼目1科1属1种,占总种数的1.85%。(表3.3-2)

表3.3-2 小通江鱼类属、种百分比

目	科	属数	属(%)	种数	种(%)
鲤形目	鳅科	4	10.00	5	9.26
鲤形目	鲤科	24	60.00	28	51.85
鲤形目	平鳍鳅科	1	2.50	1	1.85
鲇形目	鲇科	1	2.50	2	3.70
鲇形目	钝头鮠科	1	2.50	2	3.70
鲇形目	鲿科	4	10.00	9	16.67
鲇形目	鮠科	1	2.50	1	1.85
合鳃鱼目	合鳃鱼科	1	2.50	1	1.85
鲈形目	鮨科	1	2.50	3	5.56
鲈形目	鰕虎鱼科	1	2.50	1	1.85
鲈形目	鳢科	1	2.50	1	1.85
合计		11		40	100.00
			100.00	54	100.00

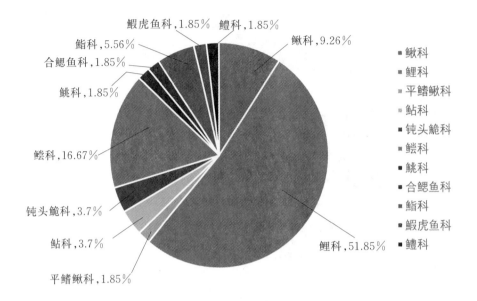

图3.3-2　小通江各科鱼类种类百分比分布图

3.3.1.2 区系类型

评价区河流鱼类可以划分为以下区系类型。

(1) 中国平原区系复合体

这个区系以草鱼、鲢、鳙、马口鱼、宽鳍鱲、蛇鮈、颌须鮈、鳤等为代表种类,构成保护区小通江河下游江段的优势种群。这些鱼类的特点是分布广泛,大多善于游泳。部分种类产漂流性鱼卵,一部分鱼虽产黏性卵但卵的黏性不大,卵产出后附着于物体上不久即脱离,并顺水漂流发育。

(2) 晚第三纪早期区系复合体

其代表性种类有沙鳅属、泥鳅、鲭鲅亚科、鲤、鲫、鲇等。这些鱼类是更新世之前北半球亚热带动物的残余,由于气候变冷,该动物区系复合体被分割成若干不连续的区域,有的种类并存于欧亚,但在西伯利亚已绝迹,故这些鱼类被视为残遗种类。它们的共同特征是视觉不发达,嗅觉发达,多以底栖生物为食者,适应于在浑浊的水中生活。

(3) 南方平原区系复合体

本区系的鱼类在保护区小通江河中下游占有一定的渔获物比例。分布区河床逐渐加宽,比降减小,水流渐缓,水域宽阔。代表性种类有华鲮、中华倒刺鲃、白甲鱼、乌鳢、鮑类、黄鳝、吻鰕虎鱼等。此类鱼体形较小,游泳能力较弱,体表多花纹。在长期的生活史过程中,由于适应周期性的局部缺氧的环境条件,某些种类产生特殊的适应性特征,常具拟草色,有些种类具棘和吸取游离氧的辅助呼吸器官。此类鱼喜暖水,在较高水温的夏季繁殖,多有护卵、护幼习性。在东亚,越往低纬度地带,种类越多,分布至东南亚,少数种类至印度。此类鱼适合在炎热气候、多水草易缺氧的浅水湖泊、池沼中生活。

（4）南方山地区系复合体

本复合体种类有平鳍鳅科、钝头鮑科、鮡科的种类,代表种有四川华吸鳅、白缘鉠、拟缘鉠、福建纹胸鮡等。此类鱼有特化的吸附构造,通常为特殊的"吸盘"结构,分布比较广泛,以保护区上游河段数量最多,适应于在南方山区急流的河流中生活。其分布于我国南部山区及东南亚山区河流中。

（5）北方平原区系复合体

本复合体代表种类有麦穗鱼等,本区系的鱼类在保护区内较罕见。它们的特点是耐寒,较耐盐碱,产卵季节较早,在地层中出现得比中国平原复合体靠下,在高纬度分布较广。随着纬度的降低,这一复合体的种数目和种群数量逐渐减少。

（6）中亚山地区系复合体

本复合体种类是裂腹鱼亚科的所有种类和条鳅亚科的某些种类,以耐寒、耐碱、性成熟晚、生长慢、食性杂为其特点,其生殖腺有毒,是中亚高寒地带的特有鱼类。其分布于我国西部高原、新疆及其与印度、巴基斯坦、阿富汗、塔吉克斯坦等毗邻的西部地区,是随喜马拉雅山的隆起由鲃亚科鱼类分化出来的种类。小通江分布有短体副鳅、红尾副鳅、贝氏高原鳅、中华裂腹鱼,主要分布于保护区上游河段。

3.3.1.3 重点保护、特有、濒危种类

1）重点保护鱼类

（1）岩原鲤

分类地位:鲤形目鲤科岩鲤属。国家二级重点保护野生动物。

繁殖特征:雄鱼3年性成熟,雌鱼4年性成熟。4龄鱼的怀卵量为2.5万粒,而5龄鱼的怀卵量为5万粒以上,6~7龄鱼怀卵量为12万~15万粒。繁殖季节为3—6月。产卵场一般分布在急流滩下,底质为砾岩的缓流水中。分批产卵,卵淡黄色,卵径1.6~1.8mm,黏性,常附着在石砾上发育。

食性特征:主要摄食底栖动物,如摇蚊幼虫、蜉蝣目和毛翅目幼虫、小螺、淡水

壳菜等软体动物、寡毛类、高等植物碎屑,偶尔进食少量的浮游动植物。冬季停止摄食,至次年3月肠充塞度开始增大,7—8月则大量摄食。

生境习性:常栖息于水流较缓、底多岩石的河流底层。

资源现状:主要分布在金沙江中下游、雅砻江下游、安宁河中下游、邛海、长江上游干流、岷江中下游、大渡河中下游、青衣江中下游、沱江中下游、赤水河、嘉陵江、涪江中下游、渠江及乌江中下游;在调查河段偶尔捕捞得到,评价河段大通江九浴溪电站库区有分布,小通江仅在青峪口库尾上游的建营坝捕获1尾。

(2) 重口裂腹鱼

地方名:细甲鱼、重唇鱼、重口、雅鱼、丙穴鱼、嘉鱼、洋鱼。国家二级重点保护野生动物。

繁殖特征:繁殖季节一般在8—9月,产卵于水流较急的砾石河底。

食性特征:属于以动物性食物为主的杂食性鱼类,食物中几乎90%是水生昆虫和昆虫幼体,也吞食小型鱼类、小虾及极少量的着生藻类。

生境习性:一般生活在峡谷河流,常在底质为砂或砾石、水流湍急的环境中活动,秋后迁向河流的深潭或水下岩洞中越冬,属于冷水性鱼类。

资源现状:分布较广泛,在长江干流,岷江水系及各支流,嘉陵江水系的涪江、渠江,乌江支流,汉江任河均有分布,有时在冬季也可在长江干流的中、下游发现,尤以嘉陵江、岷江、沱江水系的峡谷河流中见多。

据《四川诺水河珍稀水生动物自然保护区综合考察报告》记载,重口裂腹鱼在诺水河自然保护区内分布于长坪到河口、河口上游至陕西交界处,但2013年至今历次现状调查均未发现。

(3) 青石爬鳅

地方名:石爬子、青鳅。国家二级重点保护野生动物,《中国濒危动物红皮书》将其列为濒危物种。

繁殖特征:生殖季节在6—7月,常在急流多石的河滩上产卵,受精卵黏性,粘在石上发育孵化。

食性特征:属于以动物性食物为主的杂食性鱼类,食物中以水生昆虫及其幼虫为主,如蜉蝣幼虫、蜻蜓幼虫、石蝇、石蚕、水蚯蚓等,其次为水生植物的碎片及有机腐屑。

生境习性:流水性底栖鱼类,常栖息于山区河流多砾石的急流滩上,以扁平的腹部和口胸的腹面附贴于石上,用匍匐的方式移动。

资源现状:分布于青衣江、岷江上游、金沙江、嘉陵江、雅砻江和大渡河上游。

据《四川诺水河珍稀水生动物自然保护区综合考察报告》记载,青石爬鲱在诺水河自然保护区内分布于大通江河河口至陕西交界处河段,但2013年至今历次现状调查均未发现。

2)长江上游特有鱼类

长江上游及其支流中有特有鱼类112种,评价河段分布有11种,分别为短体副鳅、双斑副沙鳅、四川华鳊、半𫚔、嘉陵颌须鮈、裸腹片唇鮈、宽口光唇鱼、华鲮、岩原鲤、四川华吸鳅、拟缘𫚖,占调查河段鱼类总种数的20.9%,占长江上游特有鱼类总种数的10.71%。

3)主要经济鱼类

(1)中华倒刺鲃

分类地位:鲤形目鲤科倒刺鲃属。

繁殖特征:产卵期为4—6月,5月为产卵盛期,产卵场分布在支流或其上游水流湍急的江段。亲鱼于4—6月水位上涨时,到水大而湍急的江段产卵,水流速度为0.6~1m/s,产卵场底质为砾石或泥沙,水温为19.5~22℃。卵具弱黏性,极易脱落,受精卵吸水膨胀后随水漂浮孵化。

食性特征:为杂食性鱼类,食物组成随栖息环境的不同而有所变化,多以高等植物的碎屑、藻类、水生昆虫以及淡水壳菜等为食。

生境习性:底栖性鱼类,性活泼,喜欢成群栖息于底层多为乱石的流水中。冬季在干流和支流的深坑岩穴中越冬,3月开始游向支流生长。

资源现状:分布于长江干流、岷江、嘉陵江、沱江、青衣江、大渡河、金沙江、渠江、涪江及安宁河等。工程评价河段主要分布于小通江新场乡至涪阳河段。

(2)华鲮

分类地位:鲤形目鲤科华鲮属。

繁殖特征:2~3冬龄可达性成熟,产卵期多在4—6月,怀卵量随个体大小而有差异,一般随年龄的增加而增大。性成熟的亲鱼常集群到支流产卵,受精卵具黏性,常在急流的乱石环境中产卵,受精卵枯附在石砾上发育孵化。

食性特征:主要食藻类,如硅藻、绿藻等,也食高等水生植物嫩叶及有机碎屑,有时也食水生昆虫幼虫和甲壳动物。

生境习性:栖息于水流较急的河流及山洞溪流中,为底栖性鱼类,喜集群生活。入冬以后,华鲮则数十尾甚至上百尾集群在深水洞穴越冬,很少外出活动。

资源现状:分布于长江上游干流、金沙江、雅砻江、沱江、活江、渠江和嘉陵江、岷江以及乌江下游等水系。调查评价河段主要分布在小通江中下游河段,资源量已较少。

(3) 白甲鱼

繁殖特征:生殖季节在4—6月,5月为产卵盛期,多在浅滩上产卵。

食物特征:植食性鱼,常以下颌刮取藻类为食。

生境习性:栖息于水流较急、地质多砾石的河段,冬季在岩穴深处或深坑中越冬。

资源现状:主要分布于长江干流、岷江、沱江、渠江、嘉陵江、涪江、青衣江、大渡河、安宁河、金沙江水系。调查评价河段内仅在大通江瓦室河段发现1尾,资源量已极其稀少。

(4) 南方鲇

分类地位:鲇形目鲇科鲇属。

繁殖特征:产卵期3月中旬—5月中旬。产卵场为急流浅滩,底质为砾石。卵沉性,具黏性,黏附在石块、砾石上发育。

食性特征:肉食性鱼类,幼鱼体长15mm即可吞食其他鱼的仔鱼、虾和水生昆虫,体长20mm后以鱼类为食。

生活习性:营底栖生活,昼伏夜出。

资源现状:在四川境内主要分布于长江干流及其支流金沙江、雅砻江、安宁河、岷江、大渡河、沱江、嘉陵江、渠江、涪江、乌江、大宁河。长江中下游亦有分布。小通江中下游河段有一定的资源量。

(5) 瓦氏黄颡鱼

分类地位:鲇形目鲿科黄颡鱼属。

繁殖特征:繁殖季节为5月中旬—7月中旬,6月为产卵高峰期。常在流水浅滩或岸边草丛中产卵,有群体营巢产卵习性,卵具黏性。

食性特征:肉食性鱼类,主要食物有摇蚊科、蜻蜓目、蜉蝣目、鞘翅目幼虫及小虾、软体动物等。

生活习性:瓦氏黄颡鱼属于底栖性生活鱼类,主要生活在长江流域的江河及其与江河长期相通的湖泊,在天然环境条件下多栖息于江河缓流区的石砾底质的水域,喜欢底栖生活,多栖息于水体底层,夜间则游到水体上层觅食。

资源现状:广泛分布于四川境内长江干流及其支流,如金沙江、雅砻江、安宁河、乌江、大宁河、大渡河、青衣江、沽江、渠江下游、岷江、沱江、嘉陵江中下游,酉水也有分布。瓦氏黄颡鱼是评价区域的主要经济鱼类,有一定的资源量,但已明显下降。

（6）切尾拟鲿

分类地位:鲇形目鲿科拟鲿属。

繁殖特征:5—7月在底质为砂、砾石的缓水滩产卵,卵具黏性。

食性特征:肉食性鱼类,以水生昆虫、螺类、软体动物、小鱼为食。

生活习性:小型鱼类,底栖性生活鱼类,白天躲在石缝、洞穴内,夜晚外出觅食。

资源现状:广泛分布于长江干流及其支流,如金沙江、大渡河、青衣江、乌江下游、岷江、嘉陵江、沱江、大宁河中下游。在调查评价河段分布广泛,大通江、小通江各河段均有采集,且资源量较大,为评价区主要渔获物。

（7）大鳍鳠

分类地位:鲇形目鲿科鳠属。

繁殖特征:4—7月为繁殖季节,在流水滩上产卵,卵黏附于石块上发育。

食性特征:以底栖动物为主食,如螺、蚌、水生昆虫及其幼虫、小虾、小鱼等,偶尔也食高等植物碎屑及藻类。卵黏附在岩石上进行发育。

生活习性:为底栖性鱼类,多栖息于水流较急、底质多石砾的江河干、支流中,喜集群,夜间觅食。

资源情况:广泛分布于四川境内长江干流及其支流,如金沙江、大渡河、青衣江、龙溪河、大宁河、乌江下游、岷江、沱江中下游、嘉陵江。调查评价河段主要分布在小通江涪阳河段、青峪口河段、诺水河镇河段和大通江的长坪河段。

（8）大眼鳜

分类地位:鲈形目鮨科鳜属。

繁殖习性:5—7月为产卵盛期,亲鱼集群于夜间在平缓的流水环境中产卵。怀卵量为3万~20万粒。

食性特征:肉食性鱼类,猎食鱼虾和水生昆虫。

生活习性:生活在水体中下层,白天多在乱石堆、岩缝中活动,夜间觅食。

资源状况:四川省除甘孜和阿坝州外均产此鱼,大通江、小通江主要分布在下游河段,但资源量已很有限。

另外,渔获物中宽鳍鱲、马口鱼、红尾副鳅、蛇鮈、鳈鲅、鰲、嘉陵颌须鮈、麦穗鱼和棒花鱼等资源量较多,具有一定的经济价值。

3.3.1.4 鱼类生态学特征

1) 生态类型

(1) 流水吸附生态类群

此类群部分种类具特化的吸盘或类似吸盘的附着结构,适于附着在急流河底的物体上生活,以附着藻类、有机碎屑或以小型鱼类及软体动物等为食。这一类鱼类多分布于水流较急的支流及干流的激流段,能适应水流较快的流水滩河段,或到该生境摄食或产卵繁殖。通常来讲,这类群鱼类要么个体不大且身体扁平,要么身体梭形并且尾鳍深分叉,可以适应高流速环境。本生态类群种类不多,主要包括平鳍鳅科、鮡科的部分种类,如四川华吸鳅、福建纹胸鮡等。

(2) 流水底层乱石、礁底栖性类群

栖息环境为流水深沱,底层多乱石,水流较缓,如南方鲇、鮠科的大部分种类,为凶猛的肉食性鱼类,生长快。

(3) 流水洞缝隙生态类群

该类群的鱼类主要或完全生活在流水水体底层的各种岩洞缝隙中,主要以发达的口须觅食底栖穴动物,主要包括大鳍鳠、鳜、泥鳅、黄鳝等。

(4) 流水中、下层生态类群

此类群主要或完全生活在江河流水环境中,身体较长、侧扁,适于在流水、急流水中穿梭游泳、活动掠食;头部呈锥形,适于破水前进,躯干部较长,是产生强大运动的动力源,各鳍发达,尾鳍深叉形,可以在水体中、下层快速游泳,在急流水体中、下层穿梭翻滚捕食低等动物和流水急流水带来的有机食物。它们或以水底砾石等物体表面附着藻类为食,或以有机碎屑为食,或以底栖无脊椎动物为食,或以软体动物为食,或主要以水草为食,或主要以鱼虾类为食,甚或为杂食性,或以浮游动植物为食。该类群有华鲮、草鱼、岩原鲤、蛇鮈、中华倒刺鲃、白甲鱼、乌鳢等,为较大的江河上游中分布鱼类优势类群。

(5) 缓流水和静水生态类群

主要是一些小型种类,如鰲、宽鳍鱲、马口鱼、银飘鱼、寡鳞飘鱼、麦穗鱼、棒花鱼等。此类群是一群生活在侧流、缓流水的鱼类,个体小,或身体极侧扁,游泳能力不强,各鳍均不甚发达。

2) 繁殖习性

根据鱼类的产卵场环境条件、产卵习性及卵粒特点,繁殖习性分为以下几类。

(1) 产漂流性卵

此繁殖类群对环境要求较高,必须满足一定的水温、水位、流速、流态、流程等水文条件才能完成繁殖和孵化。要求在多种急流水中上滩产卵排精,受精卵随水流漂浮发育,如急流水长度不够,受精卵将下沉窒息死亡。产漂流性卵鱼类需要湍急的水流条件,通常在汛期洪峰发生后产卵。这一类鱼卵在产出后卵膜吸水膨胀,在水流的外力作用下,鱼卵悬浮在水层中顺水漂流。孵化出的早期仔鱼,仍然要顺水漂流,待身体发育到具备较强的溯游能力后,才能游到浅水或缓流处停歇。从卵产出到仔鱼具备溯游能力,一般需要30~40h,甚至更长时间。

这类群鱼类有中华沙鳅、双斑副沙鳅、蛇鮈、中华倒刺鲃、银鮈等。产卵期为3—8月,主要为4—6月。产卵适宜水温为16~32℃。产卵时除对水温有要求外,还需要一定的涨水刺激。

(2) 产黏沉性卵

调查水域绝大多数鱼类为产黏沉性卵类群。本类群鱼类多在春夏季节产卵,也有部分种类晚至秋季,且对产卵水域流态底质有不同的适应性,多数种类都需要一定的流水刺激,少数鱼类可在静缓流水环境下繁殖。产出的卵或黏附于石砾、水草发育,或落于石缝间在激流冲击下发育。根据黏性程度不同又可以分为弱和强黏性卵两类。这一类群包括鲤科的宽鳍鱲、马口鱼、鲤、鲫、岩原鲤、白甲鱼、华鲮、麦穗鱼等和鳅科的泥鳅等。此外,鲇形目的黄颡鱼、粗唇鮠、切尾拟鲿、大鳍鳠、福建纹胸鳅、鲇、南方鲇等也属于本类群。鲤、鲫、南方鲇等产黏性卵鱼类的繁殖时间较早,主要在3—4月,产卵水温通常在14~15℃,而黄颡鱼、拟鲿、大鳍鳠等主要在5—7月繁殖的种类,繁殖水温通常在18℃以上。

(3) 其他

乌鳢常产卵于缓流水体的草间,卵具油球,浮于水面,在水体中漂浮发育,亲鱼有护卵护幼的习性。

筑巢生殖的鱼类主要有鮠类,在有流水的卵石或乱石处,较大的卵石或乱石挡住水流,水流绕石分流成小漩涡,多种黄颡鱼和鮠属鱼类常成对以卵石间隙为巢,产卵于小漩涡内,卵粒结成团,附着在石上,随微流水冲动发育。

鳑鲏亚科的种类,通常产卵于蚌、蚬、淡水壳菜等软体动物壳内。

3.3.1.5 渔业资源调查

(1) 渔获物组成

调查范围内,共采集到鱼类样本6967尾,总重量55kg。渔获物种类47种,隶属于3目9科38属。其中,小型鱼类丰富,且生活于河流中下层、营底栖性的鳅科、平鳍鳅科、鮈亚科等鱼类在数量上占有较大比例,渔获物当中嘉陵颌须鮈数量最多,为756尾,占样本总尾数的10.85%;其次为裸腹片唇鮈、宽鳍鱲、尖头鱥、切尾拟鳅、乐山小鳔鮈、四川华吸鳅、点纹银鮈、宽口光唇鱼、马口鱼、粗唇鮠,这10种小型鱼类共采集到4911尾,占样本总尾数的70.49%;一些大、中型经济鱼类采集较少,白甲鱼、岩原鲤、华鲮、大眼鳜仅采集到1尾,中华倒刺鲃、中华裂腹鱼、南方鲇仅采集到2尾。(表3.3-3)

表3.3-3 调查范围的渔获物组成

种类	体长范围(cm)	平均体长(cm)	体重范围(g)	平均体重(g)	总重量(g)	样本数(尾)
红尾副鳅	4.6~11.3	8.2	1.16~12.81	6.21	74.52	12
短体副鳅	3.7~9.1	5.6	0.8~15.98	3.13	680.07	217
贝氏高原鳅	4.7~10.4	8.0	2.74~18.14	7.78	365.64	49
双斑副沙鳅	10.5~10.7	10.6	18.6~22.68	20.64	41.28	2
泥鳅	6.4~13.3	10.3	3.49~19.75	10.92	251.24	23
宽鳍鱲	1.9~16.3	6.9	0.43~43.85	7.37	4877.27	663
马口鱼	1.5~18.2	6.8	0.22~107.67	7.69	2541.38	330
尖头鱼岁	2.7~9.5	5.6	0.49~17.20	3.69	2291.6	621
高体鳑鲏	6.7	6.7	9.20	9.2	9.2	1
彩石鳑鲏	3.4~6.7	4.7	1.09~6.17	3.09	83.41	27
短须鱊	7.6~8.0	7.8	9.44~12.24	10.84	21.68	2
四川华鳊	4.7~11.8	8.5	3.26~26.45	12.69	2943.62	232
半䲗	5.6~11.5	8.6	2.59~17.70	8.95	331.07	37
鳘	11.14	12.6	16.77~29.72	23.3	1025.97	44
油鳘	12.1~12.4	12.3	17.06~19.78	18.42	36.84	2

续表

种类	体长范围 (cm)	平均体长(cm)	体重范围(g)	平均体重 (g)	总重量 (g)	样本数 (尾)
唇䱻	5.1～24.8	12.4	1.75～187.12	38.8	2017.79	52
黑鳍鳈	5.5～8.7	7.0	2.90～13.17	6.65	352.71	61
点纹银鮈	3.1～15.8	6.3	0.28～15.52	4.62	1611.90	380
嘉陵颌须鮈	0.7～10.5	6.5	0.83～18.35	5.78	4369.71	756
乐山小鳔鮈	2.2～8.5	6.0	0.43～9.88	3.68	1922.99	545
裸腹片唇鮈	1.3～10.6	5.4	0.33～11.02	3.35	2383.30	712
麦穗鱼	3.8～9.4	6.7	1.09～16.97	6.88	488.20	71
蛇鮈	7.7～12.6	10.6	7.08～24.46	15.07	75.36	5
光唇蛇鮈	3.5～15.1	9.1	0.63～39.44	8.88	1234.77	139
宽口光唇鱼	1.6～16.8	7.2	0.33～92.72	10.64	3650.25	343
中华倒刺鲃	3.8～19.2	11.5	1.32～162.11	81.72	163.43	2
白甲鱼	32.5	32.5	640.00	640.00	640.00	1
华鲮	17.6	17.6	111.60	111.6	111.60	1
中华裂腹鱼	17.9～18.6	18.3	93.18～142.23	117.71	235.41	2
岩原鲤	6.8	6.8	6.17	6.17	6.17	1
鲤	32.7～38.7	35.7	1378.80～469.57	1421.19	2842.37	2
鲫	4.3～14.6	9.3	15.27～176.53	44.13	176.53	4
四川华吸鳅	1.2～8.6	4.3	0.27～11.25	2.36	1033.16	438
鲇	19.8～41.9	28.1	64.64～442.2	176.94	1238.60	7
南方鲇	34.5～35	34.8	310.49～404.94	357.22	715.43	2
黄颡鱼	12.5～13.1	12.7	34.78～53.68	44.73	178.93	4
瓦氏黄颡鱼	9.5～20.7	12.0	10.65～90.47	27.62	248.61	9
光泽黄颡鱼	9.4～29.3	13.8	11.81～190.85	48.84	244.18	5
切尾拟鲿	1.9～19.8	9.2	0.35～62.36	11.10	6695.64	603
细体拟鲿	9.5～18.0	13.4	12.68～40.48	23.16	69.49	3
凹尾拟鲿	2.6～10.2	7.6	0.40～14.72	9.29	74.35	8
粗唇鮠	4.6～19.8	10.5	1.40～81.70	18.05	4981.00	276
大鳍鳠	5.2～19.5	13.4	2.29～85.12	33.35	333.54	10

续表

种类	体长范围(cm)	平均体长(cm)	体重范围(g)	平均体重(g)	总重量(g)	样本数(尾)
拟缘鱼央	5.0～10.1	7.3	1.15～10.21	5.17	201.60	39
福建纹胸鮡	3.0～11.9	6.6	0.74～44.07	8.25	1262.41	153
子陵吻鰕虎鱼	2.6～8.4	4.7	0.43～19.40	2.62	183.70	70
大眼鳜	24.6	24.6	379.18	379.18	379.18	1

（2）小通江渔获物组成及优势种

在小通江共采集到鱼类样本2975尾，总重量25kg。采集到渔获物3目9科31属41种，主要有嘉陵颌须鮈、切尾拟鲿、裸腹片唇鮈、乐山小鳔鮈、马口鱼、短体副鳅、四川华吸鳅、粗唇鮠、点纹银鮈、福建纹胸鮡、宽鳍鱲、子陵吻鰕虎鱼、黑鳍鳈、宽口光唇鱼、拟缘鉠、唇䱻等，每种渔获重量占渔获总重量的1%以上(1.01%～19.94%)。渔获物中，切尾拟鲿(19.94%)、嘉陵颌须鮈(13.43%)、粗唇鮠(11.86%)的重量百分比最高，合计约占45%；其次是鲤(5.83%)、鲇(5.71%)、裸腹片唇鮈(5.51%)、马口鱼(5.29%)，合计约占22%。从渔获物数量上看，嘉陵颌须鮈(19.03%)、切尾拟鲿(14.82%)、裸腹片唇鮈(13.51%)最多，合计占近50%的渔获数量；乐山小鳔鮈(7.29%)、马口鱼(6.42%)、短体副鳅(5.98%)、四川华吸鳅(5.51%)、粗唇鮠(5.34%)也较多，均超过渔获数量的5%；其余种类捕获数量较少。(表3.3-4)

表3.3-4　小通江渔获物组成

种类	体长范围(cm)	平均体长(cm)	体重范围(g)	平均体重(g)	总体重(g)	样本数(尾)	重量占比(%)	数量占比(%)
短体副鳅	3.7～9.0	5.57	0.80～11.62	2.86	508.66	178	2.02	5.98
红尾副鳅	7.5～8.1	7.80	5.28～7.71	6.08	24.32	4	0.10	0.13
泥鳅	9.2～10.7	9.90	7.58～11.28	9.59	38.35	4	0.15	0.13
宽鳍鱲	1.9～11.6	6.35	0.52～28.79	5.12	507.28	99	2.01	3.33
马口鱼	1.5～15.1	6.69	0.27～54.82	6.97	1331.98	191	5.29	6.42
高体鳑鲏	4.2～6.7	5.28	3.50～9.20	5.23	20.90	4	0.08	0.13

续表

种类	体长范围（cm）	平均体长（cm）	体重范围(g)	平均体重(g)	总体重(g)	样本数（尾）	重量占比（%）	数量占比（%）
四川华鳊	5.9～10.9	9.02	3.3～24.65	13.82	234.87	17	0.93	0.57
黑尾鳘	6.8～12.8	9.80	4.30～20.20	12.25	24.50	2	0.10	0.07
半鳘	10.9	10.90	17.77	17.77	17.77	1	0.07	0.03
唇䱻	4.1～22.9	9.99	1.10～164.31	21.44	643.26	30	2.55	1.01
花䱻	13.5	13.50	36.10	36.10	36.10	1	0.14	0.03
麦穗鱼	4.6～8.1	6.48	1.60～9.79	5.38	112.94	21	0.45	0.71
黑鳍鳈	5.8～8.8	7.11	2.40～12.33	5.84	215.90	37	0.86	1.24
点纹银鮈	3.1～8.8	6.72	0.28～12.80	6.21	788.77	127	3.13	4.27
嘉陵颌须鮈	3.5～10.5	6.58	0.83～18.35	5.98	3382.51	566	13.43	19.03
乐山小鳔鮈	2.2～8.1	6.10	0.69～8.82	3.89	844.74	217	3.35	7.29
裸腹片唇鮈	1.3～10.6	5.49	0.33～10.80	3.46	1389.14	402	5.51	13.51
蛇鮈	7.7～10.9	9.17	4.60～9.80	7.16	50.12	7	0.20	0.24
光唇蛇鮈	3.5～13.2	5.79	0.63～25.28	4.99	39.89	8	0.16	0.27
中华倒刺鲃	3.8	3.80	1.32	1.32	1.32	1	0.01	0.03
宽口光唇鱼	3.3～13.7	7.16	0.67～45.06	9.99	349.68	35	1.39	1.18
岩原鲤	6.8～13.9	11.43	6.17～69.9	48.56	145.67	3	0.58	0.10
鲤	38.7	38.70	1469.57	1469.57	1469.57	1	5.83	0.03
鲫	4.3～14.6	9.30	2.11～95.27	44.13	176.53	4	0.70	0.13
四川华吸鳅	2.3～8.6	5.23	0.27～11.25	3.69	604.73	164	2.40	5.51
鲇	16.1～41.9	25.30	19.60～442.20	130.70	1437.70	11	5.71	0.37
南方鲇	34.5～35	34.75	310.49～404.94	357.72	715.43	2	2.84	0.07

续表

种类	体长范围(cm)	平均体长(cm)	体重范围(g)	平均体重(g)	总体重(g)	样本数(尾)	重量占比(%)	数量占比(%)
黄颡鱼	12.5~13.1	12.73	34.78~53.68	44.73	178.93	4	0.71	0.13
瓦氏黄颡鱼	10.9~20.7	14.60	18.70~90.47	47.24	188.96	4	0.75	0.13
光泽黄颡鱼	9.4~10.6	9.90	11.81~14.82	13.33	53.33	4	0.21	0.13
粗唇鮠	4.6~24	10.89	2.10~68.86	18.79	2986.97	159	11.86	5.34
圆尾拟鲿	7.8~18.2	11.31	3.90~31.90	12.87	205.90	16	0.82	0.54
切尾拟鲿	1.9~19.8	9.47	0.35~51.38	11.39	5023.34	441	19.94	14.82
细体拟鲿	9.5~18	13.37	12.68~40.48	23.16	69.49	3	0.28	0.10
凹尾拟鲿	9.3~9.7	9.50	12.98~14.72	13.85	27.70	2	0.11	0.07
大鳍鳠	5.2~19.5	14.07	2.29~85.12	36.45	328.01	9	1.30	0.30
拟缘鉠	5.0~9.7	7.20	1.15~10.21	5.04	161.12	32	0.64	1.08
福建纹胸鮡	3.0~8.8	6.10	0.74~16.3	5.63	562.63	100	2.23	3.36
大眼鳜	12.2	12.20	38.00	38.00	38.00	1	0.15	0.03
斑鳜	9.8~16.7	13.25	14.9~91.4	53.15	106.30	2	0.42	0.07
子陵吻鰕虎鱼	2.6~8.1	4.62	0.43~19.4	2.45	149.62	61	0.59	2.05
合计					25192.93	2975	100.00	100.00

（3）青峪口水库库区河段渔获物组成及优势种

在青峪口水库库区的涪阳、草池、岳家咀、赤江小通江河段,采集渔获物1034尾,总重量15.63kg,隶属于3目7科25属28种,主要种类有切尾拟鲿、粗唇鮠、嘉陵颌须鮈、点纹银鮈、乐山小鳔鮈、四川华吸鳅、子陵吻鰕虎鱼、宽鳍鱲、四川华鳊、麦穗鱼、马口鱼、裸腹片唇鮈、黑鳍鰁等,每种渔获重量、数量占渔获总重量、总数量的1%以上(1.35%~21.66%)。渔获物中切尾拟鲿、鲤、粗唇鮠的重量百分比最高,分别占19.21%、18.19%、16.05%;其次是鲇(7.93%)、嘉陵颌须鮈(7.28%)、点纹银鮈

（5.21%）、南方鲇（4.58%），合计约占25%。从渔获物数量上看，切尾拟鲿（21.66%）、粗唇鮠（13.83%）、嘉陵颌须鮈（12.67%）、点纹银鮈（12.09%）、乐山小鳔鮈（10.06%）很多，合计占约70%的渔获数量；四川华吸鳅（7.45%）、子陵吻鰕虎鱼（6.09%）也较多，每种均超过渔获总数量的5%；其余种类捕获数量较少。青峪口库区河段渔获物组成见表3.3-5。

表3.3-5　青峪口水库淹没影响河段渔获物组成

种类	体长范围（cm）	平均体长（cm）	体重范围(g)	平均体重(g)	总体重（g）	样本数（尾）	重量百分比	数量百分比
泥鳅	9.1	9.10	6.32	6.32	6.32	1	0.04	0.10
宽鳍鱲	3.8～11.6	6.40	0.74～28.79	6.45	225.75	35	1.44	3.38
马口鱼	3.6～18.2	10.50	0.79～97.89	31.08	559.44	18	3.58	1.74
高体鳑鲏	6.7	6.70	9.20	9.20	9.20	1	0.06	0.10
四川华鳊	8.1～10.9	9.60	9.90～24.65	15.31	321.51	21	2.06	2.03
半𩾃	6.5～10.9	8.70	2.74～17.77	10.26	20.52	2	0.13	0.19
唇鱼骨	10.7～21.3	16.84	20.75～151.96	83.05	415.25	5	2.66	0.48
麦穗鱼	4～8.1	6.30	1.09～9.79	5.26	99.94	19	0.64	1.84
黑鳍鳈	5.8～8.6	7.30	4.21～12.33	7.48	104.72	14	0.67	1.35
点纹银鮈	3.1～8.8	6.90	0.28～12.8	6.51	813.75	125	5.21	12.09
嘉陵颌须鮈	0.7～10.5	7.60	2.27～18.35	8.69	1138.39	131	7.28	12.67
乐山小鳔鮈	3.3～8.4	6.00	0.69～8.82	3.52	366.08	104	2.34	10.06
裸腹片唇鮈	2.8～7.6	5.20	0.33～4.98	2.40	38.40	16	0.25	1.55
蛇鮈	7.7～12.6	10.60	7.08～24.46	15.07	75.35	5	0.48	0.48
宽口光唇鱼	10.3	10.30	26.76	26.76	26.76	1	0.17	0.10
鲤	32.7～38.7	35.70	1372.8～1469.57	1421.19	2842.38	2	18.19	0.19

种类	体长范围 (cm)	平均 体长 (cm)	体重范围(g)	平均 体重(g)	总体重 (g)	样本 数 (尾)	重量 百分比	数量 百分比
鲫	4.3～14.6	10.60	2.11～95.27	57.18	171.54	3	1.10	0.29
四川华吸鳅	3.1～8.6	6.50	0.73～11.25	5.44	418.88	77	2.68	7.45
南方鲌	34.5～35	34.80	310.49～404.94	357.72	715.44	2	4.58	0.19
鲌	19.8～41.9	20.10	69.64～442.2	176.94	1238.58	7	7.93	0.68
黄颡鱼	12.5～13.1	12.70	34.78～53.68	44.73	178.92	4	1.14	0.39
瓦氏黄颡鱼	11.5～14.6	12.80	19.98～44.49	33.26	99.78	3	0.64	0.29
光泽黄颡鱼	9.4～10.6	10.00	11.81～13.79	12.84	38.52	3	0.25	0.29
切尾拟鲿	1.9～19.7	10.50	0.35～51.38	13.40	3001.6	224	19.21	21.66
粗唇鮠	4.7～14.6	10.53	2.11～48.63	17.54	2508.22	143	16.05	13.83
大鳍鳠	11.5	11.50	16.23	16.23	16.23	1	0.10	0.10
福建纹胸鮡	4.9～6.9	5.90	2.71～8.78	5.52	22.08	4	0.14	0.39
子陵吻鰕虎鱼	2.6～8.1	4.60	0.43～19.4	2.45	154.35	63	0.99	6.09
合计					15627.90	1034	100.00	100.00

可见,青峪口库区河段该河段切尾拟鲿、粗唇鮠数量较多,且重量较大。通过对渔民的访问了解到,切尾拟鲿和粗唇鮠为青峪口库区河段主要渔获物。另外,该河段的南方鲌、鲌、鲤、鲫等的捕获量也较大。

3.3.1.6 鱼类"三场"

评价河段的鱼类主要以产黏性卵的定居性中、小型鱼类为主,包括鲤形目中的鲤、鲫、岩原鲤、白甲鱼、华鲮、中华倒刺鲃、宽口光唇鱼、唇䱻、花䱻、宽鳍鱲、马口鱼等,以及鲇形目中的南方鲌、鲌、黄颡鱼、粗唇鮠、切尾拟鲿、大鳍鳠、福建纹胸鮡等,产漂流性卵的种类仅有银鮈、蛇鮈等小型种类。根据现状调查情况,结合《四川诺水河珍稀水生动物自然保护区综合考察报告》等资料,大通江、小通江鱼类"三场"

分布如下。

1）大通江

大通江自然条件优越,河水清澈,河道内滩潭相连的生境众多,鱼类三场在各个河段呈散点状分布。

四川诺水河珍稀水生动物自然保护区的大通江河段(核心区和缓冲区),鱼类产卵场主要分布在乱石、岩石滩河段,主要有檬坝塘、石厂湾、筏子坝、长坪、关溪坝、泥溪潭、楼房岩、坪溪坝-观音井、永安、塞家坝等,这些河段为乱石或乱石底质,石隙、石缝、石嵌等较多,水浅、流急,水流特性复杂,流速紊乱,适合产黏性卵鱼类产卵及鱼苗发育。大通江上游支流尹家河河道较窄,流量较小,在上游河段有一些小型的产卵场,主要有袁家坪、韩家院、冉家坝、余溪口等,这些河段底质为砂卵石,水浅、流急,适合产黏性卵鱼类产卵及鱼苗发育。大通江的鱼类等水生动物越冬场较为广泛,主要为与产卵场相连的深潭或河道狭窄且缺乏浅滩的深水河段。索饵场主要位于支流与主流交汇处以及深潭与浅滩交错区域,这些区域营养物质丰富,适合浮游生物和底栖动物生长,为鱼类提供了丰富的饵料。

另外,大通江河岩原鲤水产种质资源保护区的实验区和核心区也分布有鱼类三场,与自然保护区缓冲区衔接的实验区有4处产卵场,分别是烟溪产卵场、毛坪子产卵场、湾滩产卵场、毛草坪产卵场。越冬场分布在九浴溪电站库区、高坑电站库区。

评价河段大通江鱼类三场分布情况见表3.3-6和图3.3-3。

表3.3-6 评价河段大通江的鱼类三场分布情况

序号	名称	位置	类型	保护区分区	长度(km)	备注
1	袁家坪	107°38′49.40″ E, 32°23′49.91″N	产卵场	核心区	1.41	大通江
2	韩家院	107°37′56.85″ E, 32°20′48.44″N	产卵场	核心区	1.25	大通江
3	冉家坝	107°35′20.25″ E, 32°20′38.23″N	产卵场	核心区	0.66	大通江
4	余溪口	107°34′19.83″ E, 32°20′11.98″N	产卵场	核心区	1.45	大通江
5	檬坝塘	107°26′06.92″ E, 32°23′58.78″N	产卵场	核心区	1.18	大通江
6	石厂湾	107°27′16.41″ E, 32°22′18.11″N	产卵场	核心区	1.12	大通江
7	筏子坝	107°27′22.54″ E, 32°19′47.67″N	产卵场	核心区	1.03	大通江

续表

序号	名称	位置	类型	保护区分区	长度(km)	备注
8	长坪	107°28′13.28″ E,32°17′15.95″N	产卵场	核心区	0.88	大通江
9	关溪坝	107°26′32.62″ E,32°16′07.77″N	产卵场	缓冲区	0.76	大通江
10	泥溪潭	107°25′50.08″ E,32°13′59.05″N	产卵场	缓冲区	0.75	大通江
11	楼房岩	107°24′02.52″ E,32°12′46.80″N	产卵场	缓冲区	1.25	大通江
12	坪溪坝－观音井	107°22′33.16″ E,32°11′19.67″N	产卵场	缓冲区	1.31	大通江
13	永安	107°22′32.71″ E,32°10′15.19″N	产卵场	缓冲区	1.70	大通江
14	蹇家坝(烟溪)	107°19′42.00″ E,32°07′23.00″N	产卵场	缓冲区	1.81	大通江
15	深潭与浅滩交汇段		索饵场	核心区/缓冲区		大通江
16	深潭及深水狭谷段		越冬场	核心区/缓冲区		大通江
17	烟溪	107°18′12.87″ E,32°6′33.27″N	产卵场	非保护区	0.71	大通江
18	毛坪子	107°18′12.85″E,32°6′0.49″N	产卵场	非保护区	0.61	大通江
19	湾滩	107°18′24.43″E,32°5′30.22″N	产卵场	非保护区	0.62	大通江
20	毛草坪	107°18′40.71″E,32°3′43.35″N	产卵场	非保护区	0.32	大通江
21	九浴溪电站库区、高坑电站库区		越冬场	非保护区		大通江
22	深潭与浅滩交汇段		索饵场	非保护区		大通江/月滩河

檬坝塘产卵场

石厂湾产卵场

图3.3-3 评价河段大通江"鱼类三场"部分现状

长坪产卵场   关溪坝产卵场

泥溪潭产卵场   楼房岩产卵场

永安产卵场   冉家坝产卵场

越冬场   越冬场

续图 3.3-3　评价河段大通江"鱼类三场"部分现状

越冬场　索饵场

索饵场　索饵场

续图3.3-3　评价河段大通江"鱼类三场"部分现状

2）小通江

小通江河流的主要特点是：河道较宽阔、平缓，多弯曲，宽窄变化大，多边滩、石嵌、石缝、泉眼和石灰岩溶洞，河底主要由砂、砾石组成；水流缓急交错，尤其是滩潭交替频繁，为鱼类的产卵、索饵和越冬提供了非常便利的条件，使得"鱼类三场"比邻且连接紧密。这些为鱼类的产卵、索饵和越冬提供了非常便利的条件。深潭（沱）中越冬的鱼类在春季水温回升后可以立即上滩繁殖，繁殖完成后又可以迅速退回深潭中躲避；卵孵化后，可在浅滩边缘的浅、缓水中索饵成长。小通江内这种滩潭相连的生境众多，尤其在上游河段最多，因此"鱼类三场"在评价河段内呈散点状分布，不存在规模非常大、占有很长河道的大型产卵场。

（1）产卵场

鱼类产卵场分布在乱石、卵石滩河段，主要有瓦石滩、乱石子、写字岩、岩坝滩、大浪溪、堡子岭滩、建营坝、任家坝、漩涡滩、张家坝、袁家坝等，这些河段为乱石或卵石底质，石隙、石缝、石嵌等多，水浅、流急，水流特性较复杂，流速流向紊乱，适合产黏性卵鱼类产卵及卵苗发育。另外，早期资源调查发现，邹家坝和石牛咀电站坝下均有一定的卵苗量，表明这些河段也有鱼类零星产卵，但主要是高体鳑鲏、峨眉鳡、鲤、半䲁、福建纹胸鲱等,同时,这些河段已无明显的砂卵石滩,因而不是产黏性卵鱼类的典型产卵场。

袁家坝和张家坝产卵场位于青峪口水库的库区淹没河段。水库正常蓄水位400m运行时,张家坝和袁家坝两处产卵场将被淹没;汛限水位384m运行时,仅袁家坝产卵场被淹没,张家坝产卵场不受淹没影响。

袁家坝产卵场河段长约1.4km,左岸滩地由卵石形成,是小通江下游河段重要的产黏性卵鱼类的产卵场。早期资源调查表明,该产卵场的卵苗量较大。

袁家坝产卵场以下的保护区河段,河道狭窄、河岸陡峭、水体较深,不适合流水浅滩产黏性卵鱼类产卵。保护区下游,邹家坝河段和石牛咀电站坝下河段的鱼类早期卵苗量很小;县城至河口河段因闸坝建设和高坑水电站回水顶托等人类活动影响,鱼类产卵繁殖的生境数量比较有限。

由此可见,袁家坝产卵场是涪阳以下的小通江河段最大、最重要的鱼类产卵场,也是保护区小通江实验区内最重要的产卵场,在保障小通江下游鱼类的繁殖活动和维持保护区鱼类资源等方面具有重要的价值。

(2) 越冬场

越冬场为紧连这些产卵场上、下游的深潭,主要有武则溪、岩坝潭、堡子岭潭、柏林潭、漩涡潭、袁家坝潭、七水沱、已建石牛咀电站库区、高坑水电站小通江库区段等。此外,玉皇庙-浦家湾约1.5km、岳家咀-谢家河坝约3.6km河段很狭窄,河岸较陡峭,水体深,也为良好的越冬河段。

(3) 索饵场

索饵场主要分布在河流深潭与浅滩交错区域,以及支流与主流交汇处。调查河段这样的生境比较多,从小通江的河流上游到袁家坝河段都有分布,这些区域营养物质丰富,适合浮游生物和底栖动物的生长,河滩卵石上着生藻类、底栖动物非常丰富,潭中浮游动物、浮游植物也较丰富,适合不同食性鱼类的索饵。

小通江鱼类"三场"部分现状见图3.3-4。

瓦石滩 写字岩

大浪溪 堡子岭

武则溪 乱石子

张家坝 袁家坝

图 3.3-4 小通江"鱼类三场"部分现状

| 保护区上游宽河道多边滩的越冬场 | 保护区下段窄河道少边滩的越冬场 |

续图3.3-4　小通江鱼类"三场"部分现状

评价河段小通江河段"鱼类三场"分布情况见表3.3-7和图3.3-5。

表3.3-7　小通江河段"鱼类三场"分布情况

序号	名称	位置	类型	保护区分区	长度（km）	备注
1	瓦石滩	107°9′28.9″E，32°18′17.0″N	产卵场、索饵场	核心区	1.63	小通江
2	武则溪	107°9′31.90″E，32°18′14.86″N	越冬场、索饵场	核心区	1.04	小通江
3	乱石子	107°9′18.6″E，32°17′25.2″N	越冬场、索饵场	核心区	0.87	小通江
4	写字岩	107°8′44.8″E，32°15′30.1″N	产卵场、索饵场	核心区	0.54	小通江
5	岩坝滩	107°8′50.6″E，32°14′34.7″N	产卵场、越冬场	缓冲区	1.78	小通江
6	大浪溪	107°10′4.2″E，32°13′50.4″N	产卵场、索饵场	缓冲区	1.85	小通江
7	堡子岭	107°10′12.5″E，32°10′17.0″N	产卵场、索饵场、越冬场	缓冲区	3.12	小通江
8	建营坝	107°10′22.32″E，32°9′43.61″N	产卵场、越冬场	缓冲区	2.00	小通江
9	任家坝	107°10′33.22″E，32°8′28.55″N	产卵场	实验区	1.65	小通江
10	漩涡滩	107°10′25.78″E，32°5′57.01″N	产卵场、越冬场、索饵场	实验区	1.78	小通江
11	张家坝	107°10′0.86″E，32°4′2.73″N	产卵场	实验区	0.50	小通江
12	袁家坝	107°8′35.21″E，31°59′21.80″N	产卵场、索饵场	实验区	1.40	小通江
13	七水沱	107°10′25.99″E，31°59′55.13″N	越冬场、索饵场	实验区	0.82	小通江
14	玉皇庙—浦家湾	107°11′23.38″E，31°59′45.58″N	越冬场	实验区	1.34	小通江
15	岳家咀—谢家河坝	107°12′48.66″E，31°58′20.66″N	越冬场、索饵场	实验区	3.52	小通江

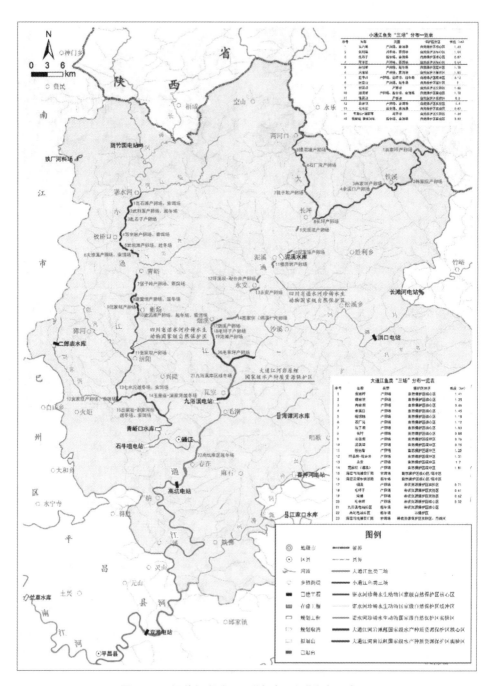

图3.3-5 评价河段小通江"鱼类三场"分布示意图

3.3.1.7 早期资源调查

1）卵苗采集情况

2019年5月9—14日和2020年6月28日—7月4日,四川大学利用小通江下雨涨水时机对小通江开展了鱼类早期资源调查,选取了4个断面监测,分别是张家坝、袁家坝、邹家坝和石牛咀电站坝下。

2019年5月9—14日,四川大学在小通江张家坝、袁家坝、邹家坝和石牛咀电站坝下四个采样断面共采集鱼卵2718粒,鱼苗294尾,稚鱼4尾。其中,使用圆锥网采集漂流性鱼卵1413粒,鱼苗44尾,卵苗种类主要包括银鮈、嘉陵颌须鮈、峨眉鱊、半𩾃四种;使用手抄网在砂卵石、水草、浮渣上采集黏性鱼卵1305粒,鱼苗250尾,稚鱼4尾,卵苗种类主要包括鲇、福建纹胸鮡、鲤、马口鱼、宽鳍鱲五种。调查期间,沿岸静水区也采集到大量中华鳑鲏、高体鳑鲏的幼苗。经形态及分子鉴定,结果显示卵苗种类包括高体鳑鲏、中华鳑鲏、半𩾃、峨眉鱊、宽鳍鱲、福建纹胸鮡、嘉陵颌须鮈、鲤、马口鱼、鲇、银鮈十一种。其中高体鳑鲏、半𩾃、宽鳍鱲数量较多,分别占20.2%、17.17%、14.14%、11.11%。

2020年6月28日—7月4日,在小通江张家坝、袁家坝、邹家坝和石牛咀电站坝下四个采样断面共采集鱼卵1884粒,仔鱼343尾,稚鱼81尾。使用圆锥网采集漂流性鱼卵381粒,仔鱼163尾,卵苗种类主要包括嘉陵颌须鮈、半𩾃、银鮈等;使用手抄网在砂卵石、水草、浮渣上采集黏性鱼卵1503粒,仔鱼180尾,稚鱼17尾,卵苗种类主要包括南方鲇、福建纹胸鮡、马口鱼、宽鳍鱲、四川华吸鳅、四川华鳊、钝吻棒花鱼、子陵吻鰕虎鱼等。调查期间,石牛咀坝下沿岸静水区依旧采集到大量喜贝类产卵鱼类中华鳑鲏和高体鳑鲏的幼苗。根据形态特征对鱼卵及鱼苗进行归类并选取部分样本进行分子鉴定,结果显示卵苗种类包括高体鳑鲏、中华鳑鲏、半𩾃、宽鳍鱲、马口鱼、四川华鳊、子陵吻鰕虎鱼、钝吻棒花鱼、四川华吸鳅、福建纹胸鮡、嘉陵颌须鮈、南方鲇、银鮈等。其中宽鳍鱲、半𩾃、四川华吸鳅、马口鱼、四川华鳊、子陵吻鰕虎鱼等种类数量较多,分别占16.83%、14.85%、12.87%、9.9%、9.9%、8.91%。

2）卵苗径流量

2019年5月9日—5月14日监测表明,石牛咀电站坝下、邹家坝、袁家坝、张家坝断面日均卵苗密度分别为0.31粒/m³、0.04粒/m³、11.04粒/m³、2.45粒/m³,卵苗日均径流量分别为1.2×10^6ind、0.14×10^6ind、9.89×10^6ind、1.59×10^6ind。调查期间4个断面卵苗密度和日均径流量分别见图3.3-6和图3.3-7。

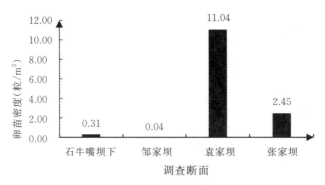

图3.3-6　小通江各断面卵苗密度

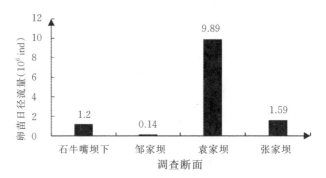

图3.3-7　小通江各调查断面卵苗日均径流量

调查期间,坝上河段袁家坝和张家坝断面卵苗日均径流量较大,邹家坝和石牛咀坝下断面卵苗日均径流量较小。其中,袁家坝断面在调查中日均径流量最大。

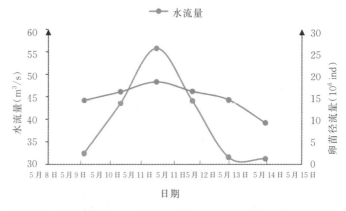

图3.3-8　2019年5月9—14日小通江袁家坝断面卵苗径流量变化

本次调查发现,袁家坝断面上游为主要的鱼类产卵场,该断面6天总卵苗径流量为5.94×10^7ind,调查期间共有1次卵苗高峰,时间为5月11日,卵苗径流量为2.58×10^7ind。

2020年6月28日—7月4日监测表明,石牛咀电站坝下、邹家坝、袁家坝、张家坝断面日均卵苗密度分别为0.09粒/m³、0.03粒/m³、0.56粒/m³、0.21粒/m³,卵苗日均径流量分别为0.34×10^6ind、0.12×10^6ind、2.14×10^6ind、0.86×10^6ind。调查期间4个断面卵苗密度和日均径流量分别见图3.3-9和图3.3-10。

调查期间,青峪口水库坝上河段袁家坝和张家坝断面卵苗日均径流量较大,邹家坝和石牛咀坝下断面卵苗日均径流量较小。其中,袁家坝断面在调查中日均径流量最大,调查中发现有多种鱼类的卵苗,是水库淹没河段的主要产卵场。

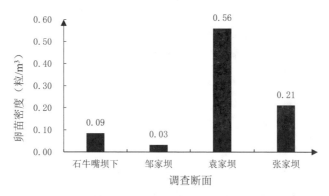

图3.3-9 小通江各调查断面卵苗密度(2020年6—7月)

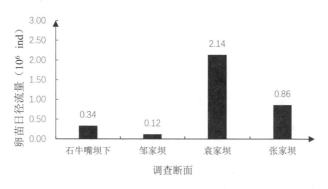

图3.3-10 小通江各调查断面卵苗日均径流量(2020年6—7月)

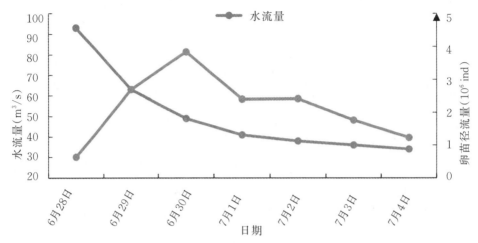

图 3.3-11　小通江袁家坝断面卵苗径流量变化（2020年6月28日—7月4日）

本次调查发现,袁家坝断面上游为主要的鱼类产卵场,该断面7天总卵苗径流量为 1.50×10^7 ind,调查期间共有1次卵苗高峰,时间为6月29日,卵苗径流量为 3.84×10^6 ind。

3）鱼类卵苗种类组成及规模

（1）2019年调查成果

2019年5月在小通江下游4个断面的早期资源调查中,采集到半䱻、嘉陵颌须鮈、宽鳍鱲、鲤、马口鱼、鲇、银鮈的鱼卵,宽鳍鱲、鲤、马口鱼、银鮈、峨眉鳍、福建纹胸鮡、高体鳑鲏、中华鳑鲏的仔鱼,稚鱼期种类仅采集到福建纹胸鮡。（表3.3-8）

表3.3-8　小通江下游各断面鱼类卵苗种类组成（2019年5月）

种类	鱼卵	仔鱼	稚鱼
半䱻	+		
峨眉鳍		+	
福建纹胸鮡		+	+
高体鳑鲏		+	
嘉陵颌须鮈	+		
宽鳍鱲	+	+	

种类	鱼卵	仔鱼	稚鱼
鲤	+	+	
马口鱼	+	+	
鲇	+		
银鮈	+	+	
中华鳑鲏		+	

2019年5月在小通江张家坝、袁家坝、邹家坝和石牛嘴电站坝下四个断面共采集鱼类卵苗11种。其中石牛咀坝下卵苗日均径流量为 1.20×10^6 ind，以高体鳑鲏（ 1.04×10^6 ind）为主，其次为峨眉鱊（ 0.05×10^6 ind）和鲤（ 0.11×10^6 ind）。邹家坝的规模较小，卵苗日均径流量为 0.13×10^6 ind，种类包括半䱗（ 0.01×10^6 ind）、福建纹胸鮡（ 0.01×10^6 ind）、高体鳑鲏（ 0.07×10^6 ind）、宽鳍鱲（ 0.03×10^6 ind）和鲤（ 0.01×10^6 ind）。袁家坝鱼类产卵规模最大，卵苗日均径流量为 6.66×10^6 ind，种类分别为半䱗（ 3.23×10^6 ind）、福建纹胸鮡（ 1.33×10^6 ind）、高体鳑鲏（ 0.19×10^6 ind）、嘉陵颌须鮈（ 0.95×10^6 ind）、宽鳍鱲（ 0.76×10^6 ind）、马口鱼（ 0.38×10^6 ind）、鲇（ 0.38×10^6 ind）、银鮈（ 0.76×10^6 ind）和中华鳑鲏（ 1.90×10^6 ind）。张家坝下卵苗日均径流量为 1.59×10^6 ind，以宽鳍鱲（ 0.64×10^6 ind）、鲤（ 0.32×10^6 ind）、鲇（ 0.45×10^6 ind）为主，其余为嘉陵颌须鮈（ 0.06×10^6 ind）、银鮈（ 0.06×10^6 ind）和中华鳑鲏（ 0.06×10^6 ind）。（表3.3-9）

表3.3-9　小通江下游各断面鱼类卵苗径流量（ 10^6 ind）（2019年5月）

种类	石牛嘴坝下	邹家坝	袁家坝	张家坝
半䱗		0.01	3.23	
峨眉鱊	0.05			
福建纹胸鮡		0.01	1.33	
高体鳑鲏	1.04	0.07	0.19	
嘉陵颌须鮈			0.95	0.06
宽鳍鱲		0.03	0.76	0.64
鲤	0.11	0.01		

种类	石牛嘴坝下	邹家坝	袁家坝	张家坝
马口鱼			0.38	0.32
鲇			0.38	0.45
银鮈			0.76	0.06
中华鳑鲏			1.90	0.06
总计	1.20	0.13	6.66	1.59

（2）2020年调查成果

2020年6—7月，在小通江下游4个断面的鱼类早期资源调查中，采集到四川华鳊、四川华吸鳅、半𬶟、马口鱼、南方鲇、银鮈、子陵吻鰕虎鱼的鱼卵，钝吻棒花鱼、嘉陵颌须鮈、宽鳍鱲、马口鱼、高体鳑鲏、中华鳑鲏、子陵吻鰕虎鱼的仔鱼，钝吻棒花鱼、嘉陵颌须鮈、宽鳍鱲、马口鱼、福建纹胸鮡、南方鲇、子陵吻鰕虎鱼的稚鱼。（表3.3-10）

表3.3-10　小通江下游各断面鱼类卵苗种类组成（2020年6—7月）

种类	鱼卵	仔鱼	稚鱼
四川华鳊	+		
四川华吸鳅	+		
钝吻棒花鱼		+	+
半𬶟	+		
嘉陵颌须鮈		+	+
宽鳍鱲	+	+	+
马口鱼	+	+	+
福建纹胸鮡			+
南方鲇	+		+
银鮈	+		
高体鳑鲏		+	
中华鳑鲏		+	
子陵吻鰕虎鱼	+	+	+

2020年6—7月在小通江张家坝、袁家坝、邹家坝和石牛嘴电站坝下四个河段

断面共采集鱼类卵苗 13 种。其中石牛嘴坝下卵苗日均径流量为 0.34×10^6 ind,以中华鳑鲏(0.28×10^6 ind)为主,其次为高体鳑鲏(0.015×10^6 ind)和子陵吻鰕虎鱼(0.045×10^6 ind)。邹家坝鱼类产卵规模也较小,卵苗日均径流量为 0.12×10^6 ind,种类包括钝吻棒花鱼(0.88×10^3 ind)、半䱻(0.613×10^4 ind)、子陵吻鰕虎鱼(0.263×10^5 ind)、宽鳍鱲(0.08×10^5 ind)、马口鱼(0.228×10^5 ind)和嘉陵颌须鮈(0.57×10^5 ind)。袁家坝鱼类产卵规模最大,且种类最多,卵苗日均径流量为 2.14×10^6 ind,种类分别为半䱻(0.469×10^6 ind)、宽鳍鱲(0.332×10^6 ind)、马口鱼(0.203×10^6 ind)、四川华鳊(0.412×10^6 ind)、子陵吻鰕虎鱼(0.023×10^6 ind)、钝吻棒花鱼(0.07×10^6 ind)、四川华吸鳅(0.389×10^6 ind)、南方鲇(0.08×10^6 ind)、银鮈(0.161×10^6 ind)。张家坝卵苗日均径流量为 0.86×10^6 ind,以宽鳍鱲(0.257×10^6 ind)、马口鱼(0.367×10^6 ind)、南方鲇(0.09×10^6 ind)为主,其余为四川华鳊(0.06×10^6 ind)、嘉陵颌须鮈(0.015×10^6 ind)、福建纹胸鮡(0.03×10^6 ind)、银鮈(0.012×10^6 ind)和中华鳑鲏(0.028×10^6 ind)。(表 3.3-11)

表 3.3-11　小通江下游各断面鱼类卵苗径流量(10^6 ind)(2020 年 6—7 月)

种类	石牛嘴坝下	邹家坝	袁家坝	张家坝
四川华鳊			0.412	0.060
四川华吸鳅			0.389	
钝吻棒花鱼		0.0009	0.070	
半䱻		0.006	0.469	
嘉陵颌须鮈		0.057		0.015
宽鳍鱲		0.007	0.332	0.257
马口鱼	0.045	0.023	0.203	0.367
福建纹胸鮡				0.030
南方鲇			0.080	0.090
银鮈			0.161	0.013
高体鳑鲏	0.015			
中华鳑鲏	0.280			0.028
子陵吻鰕虎鱼		0.026	0.023	
总计	0.340	0.120	2.140	0.860

4）产漂流性卵鱼类孵化条件及环境状况

在小通江下游采集到的漂流性卵主要是银鮈、四川华吸鳅的鱼卵，这类卵产出后即吸水膨胀，出现较大的卵黄周隙，密度稍大于水，在江河水流中则悬浮在水层中不断漂流。

（1）银鮈

繁殖季节主要为5—6月，江河涨水时在流水中产卵。银鮈外膜稍带黏性，吸水膨胀后，能漂在水中，随水流漂流发育。银鮈的胚胎发育与四大家鱼的胚胎发育过程大体相同。水温18.5～29.5℃时，受精后约40h孵出。水温是影响银鮈孵化的重要条件，早期资源调查期间，除5月10日水温较低外，各断面其他时间水温总体维持在20℃以上，水温范围18.6～23.4℃，平均水温为21.3℃，满足银鮈繁殖与孵化的条件。当水位上涨时，水流量增大，银鮈开始产卵，卵粒随水流漂流孵化。

（2）四川华吸鳅

四川华吸鳅为长江上游特有鱼类，受精卵呈浅黄色，卵膜径较小，具有黏性。在水温26.3～27.8℃下，胚胎经历22h发育成仔鱼出膜。四川华吸鳅的卵粒小，平均卵膜径为1.85mm±0.23mm，圆形，密度大于水，在自然条件下常黏附于河流急流砾石滩上完成胚胎发育过程。由于黏性较弱，受流水冲击后常脱离基质随水漂流，卵表面黏附的杂质使得卵膜不透明。

5）产沉、黏性卵鱼类繁殖条件及环境状况

在小通江下游采集到的沉、黏性卵主要是南方鲇、福建纹胸鮡、宽鳍鱲、马口鱼、四川华鳊、钝吻棒花鱼等类鱼卵。这类鱼卵的卵黄密度大于水，有的有强黏性，有的黏性很小，卵黄周隙较小，产出后沉于水底。鳅科、鲿科鱼类等产这种卵。

（1）南方鲇

产沉性卵，外具胶膜，强黏性。卵膜光滑透明，卵黄丰富，呈橙黄色；大口鲇的雌性性成熟为3～4龄，雄性2～3龄成熟。每年3月中旬平均水温15～24℃，大口鲇开始产卵活动。水温27.5℃时，受精卵30h后孵出，产卵活动可延续至7月中旬。大口鲇的生活产卵场所一般为流水砾石浅滩，水底长满水草，鲇的受精卵分散黏附在水草上。水位较低时，一般鲇在卵石和水草上产卵，待水位上涨时，卵粒即发育并孵化。产卵前雌雄亲鱼激烈追逐，有相互咬斗的发情行为。

（2）福建纹胸鮡

福建纹胸鮡产沉性卵，外具胶膜，也具有强黏性。卵成浅绿色，孵化前黏性减弱。福建纹胸鮡在长江上游的繁殖期是3—5月,盛产期是4月,河水温度16℃时,在鹅卵石底的浅水浅滩上产卵繁殖。产卵时间多在天亮以前。福建纹胸鮡和其他鮡科鱼类相似,将卵粒产在卵石上,并均匀分布,待水位上涨时,卵粒孵化。

（3）宽鳍鱲

宽鳍鱲1年即可成熟,每年4—6月在河流、溪水的流水滩产卵,鱼卵吸水膨胀后附着在岩石上发育。产沉性卵,卵色鲜黄。吸水膨胀后卵膜径1.8~2.1mm,卵径1.5mm。

（4）马口鱼

马口鱼的繁殖习性和生境状况与宽鳍鱲相似,每年4—6月在河流、溪水的流水滩产卵,孵化水温大于18℃。产沉性卵,卵色鲜黄。通常在卵石滩上大量产卵,黏附在卵石上,待水位上涨时,卵粒吸水膨胀可迅速发育。

（5）四川华鳊

四川华鳊的繁殖时间主要集中在4—5月,最小性成熟个体体长70mm,体重7.1g。受精卵外形近似球形,呈浅黄色,卵质透明,受精卵遇水后吸水膨胀,卵膜较薄,半透明,受精卵具有弱黏性,沉于水底。随着发育的继续,卵膜透明度降低。受精卵遇水出现胶膜,半透明,吸水膨胀后卵周隙稍有增大,与同产黏性卵的鲤、鲫以及同亚科的多种鱼类相似,而与鲤科产漂流性卵的铜鱼和圆口铜鱼等受精卵随水漂流而发育,具有较大的卵周隙,卵膜透明无黏性相区别,表现出卵子特性和产卵类型的统一。卵的密度大于水,产出后能附着在水草等物体上,其生活的长江流域水流湍急,产卵方式和卵的性质都与外界环境有关。

（6）钝吻棒花鱼

钝吻棒花鱼繁殖季节为4—5月。繁殖期内雄鱼副性特征明显,在唇、前颊、鳃盖、胸鳍下部都生成珠星。雄鱼有筑巢、护巢及领域性行为,卵床圆形。卵为沉性卵,微黏性,其表面常有泥沙和杂质黏附。吸水膨胀,卵黄为浅褐色。水温为15~17℃时,受精卵6天孵化,多位于缓流、有挺水植物生长、水深10~50cm的泥土上。

（7）子陵吻虾虎鱼

子陵吻虾虎鱼产沉性卵,长椭圆形,成片地黏附在基质上,长径约为2.4mm,短径约为0.45mm,卵黄内有小油滴。水温25℃时,约4天孵化。在浅水区产卵于石隙或空蚌内。沉性卵,椭圆形,受精孔附近有一束黏性卵膜丝。受精卵或成片地黏附在隐蔽的壁上。

6）保护区重点保护鱼类早期资源状况

岩原鲤、中华倒刺鲃、白甲鱼是诺水河珍稀水生动物自然保护区内的重点保护鱼类。岩原鲤产卵盛期在4—5月，白甲鱼和中华倒刺鲃的产卵盛期均在5月。2019年5月和2020年6—7月两次早期资源调查均未发现这些重要的鱼卵、仔鱼及稚鱼，说明这些鱼类在小通江下游的资源量已很少。根据在2015—2017年对大通江、小通江的鱼类资源调查，在6967尾渔获物中，白甲鱼、岩原鲤仅各1尾，中华倒刺鲃仅2尾（小通江诺水河镇河段1尾，体长3.8cm，大通江瓦室河段1尾，体长19.2cm，2016年9月采集），也反映了这些主要保鱼类在大通江、小通江的资源量很有限。

根据2019年和2020年两次鱼类早期资源调查结果，结合鱼类资源及生境等调查资料分析，小通江鱼类的产卵、索饵生境主要集中在袁家坝及以上河段；袁家坝以下七水沱河段、玉皇庙—浦家湾、岳家咀—谢家河坝河段河道狭窄，河岸较陡峭，水体深，水流相对较缓，主要为鱼类良好的越冬河段。

张家坝、袁家坝为青峪口水库库区河段主要的鱼类产卵场，其中袁家坝产卵场的鱼类产卵规模较大，主要为黏性卵鱼类的产卵场所，青峪口水库建设将主要影响袁家坝及其以上的鱼类产卵、索饵生境。

青峪口水库坝址至小通江河口河段，分别受石牛咀电站、锦江花园闸坝和高坑电站的淹没影响，流水、浅滩型产卵生境很有限，邹家坝及石牛咀坝下鱼类产卵的规模较小，其中仅石牛咀坝下有产黏性卵鱼类产卵场。

3.3.1.8 其他重要水生动物

（1）大鲵

国家二级重点保护野生动物。大鲵为一般生活于海拔100～1200m（最高达4200m）的山区水流较为平缓的河流、大型溪流的岩洞或深潭中。成鲵多数单栖生活，幼体喜集群于石滩内。白天很少活动，偶尔上岸晒太阳，夜间活动频繁。主要以蟹、鱼、蛙、虾、水蛇、水生昆虫为食。7—9月为繁殖盛期，雌鲵产卵袋一对，呈念珠状，长达数十米，一般产卵300～1500粒。

小通江的大鲵主要分布在板桥以上河段，大通江的大鲵主要分布在长坪至陕西交界河段。大鲵在评价区的产卵场，主要分布在大通江上游长坪至两河口河段内和小通江上游板桥至潮水河段内，即为四川诺水河水生动物自然保护区的缓冲区和核心区。大鲵的索饵场在整个河段都有分布，在保护区的核心区和缓冲区内较为集中。在小通江流域,大鲵的适宜栖息生境位于小通江板桥以上河段,即为四川诺水河水生动物自然保护区的缓冲区和核心区。小通江板桥以上的河段,大通江、小通江大鲵主要栖息生境的自然条件优越,岩洞地貌发育,河流宽阔曲折,缓流水深潭较多,潭内一侧具边滩,另一侧多乱石、石缝、崖嵌、石灰质溶洞等,森林覆盖率达60.29%,降水量充沛,水质清澈,是大鲵栖息、繁衍的理想场所。

20世纪80年代前,小通江大鲵的种群数量还较多,在渔获物中占有较大比例,年产量在5t左右,占渔获物的5%。据《通江县志》记载,1974年诺水河突发百年未遇的洪水,洪水退后,诺水河上游两岸的大鲵随处可见,不少农户捕捉大鲵喂猪。进入20世纪90年代后,小通江大鲵数量明显减少,主要原因:一是大鲵市场价格高,导致其野生资源被严重滥捕;二是交通和房屋等建设活动严重破坏其生境。为保护大鲵等重要水生野生动物资源,2004年2月建立了诺水河珍稀水生动物省级自然保护区,并在2012年1月升格为国家级自然保护区,这对大鲵等水生动物的天然资源保护具有重大意义。

（2）乌龟

国家二级重点保护野生动物,在全国广泛分布。在四川省,分布于除甘孜、阿坝两州外的所有地区。川北的乌龟多分布于海拔500～1200m的山地近水源处,当地水温低、流速快,乌龟多活动于岸边坡地或浅水沟塘,以小鱼及蚯蚓、虾等小型无脊椎动物为食,间或进食一些植物茎叶;川西平原川东川南丘陵地区的乌龟多分布于海拔400～600m的大江河的侧支水系及稻田和平原沟渠内,这些地区水流缓、水面宽、温度较高,乌龟多活动于水下,以小鱼、蛙类,或虾、田螺及昆虫之类的小型无脊椎动物为食,也啃食田地里的蔬菜茎叶。每年春季进入发情期,4月开始交配,产卵期从5月起可延续至10月,一只健康雌龟一年可产卵2～4次,每次产卵2～7枚,孵化期最长为90天,有当年产卵,隔年孵化的记录。

历史上,乌龟在小通江河赤江至涪阳及大通江河碧溪水文站以上等砂卵石底质、具沙质河滩的河段偶有发现。历次现状调查访问表明,青峪口水库库尾以下的小通江河段近10年已未见到过乌龟。

（3）水獭

国家二级重点保护野生动物,在全国广泛分布,栖息在江河、溪流、湖泊中,主要以鱼为食,也吃蟹、蛙、蛇、鸟和小型哺乳类。体形中等,体长50～80cm,体重3.5～8.5kg。头宽扁,眼、耳小,尾基部粗而尖端细。四肢短,趾间有蹼,半水栖。

体背咖啡褐色,胸腹白色。繁殖期不定,孕期2个月,每胎产1~5仔,多为2仔。

据调查访问,水獭历史上分布在小通江右岸支流刘家河的上游段。

(4) 中华鳖

四川省重点保护野生动物。中华鳖是我国分布最广的鳖类,在各地的大小水系都能见到它们的踪迹。生活于沟渠塘沼、水库及水流较缓的江河中,潜生于水底淤泥之下,以捕食小鱼虾、田螺、蜗牛、蚯蚓之类的小型动物为生,也兼食少量植物茎叶。4—8月进入繁殖期,亲鳖在水中追逐,夜间上岸交配,俟后雌鳖会选择向阳且较松软的沙土地产卵,通常一年1~4次,成年雌鳖每次最高可产卵30余枚,卵经2个月之后孵出仔鳖。9月下旬进入冬眠,至翌年4月底苏醒。分布于除甘孜、阿坝两州外的省内所有地区。

近年来,由于过度捕捞,以及其他人类活动对其生境的影响,中华鳖的资源量遭到破坏。历史上,中华鳖在大通江、小通江有一定的资源量,主要分布在小通江的涪阳、板桥、诺水河及大通江的瓦室、毛浴、长胜、文胜、沙溪、松溪等砂卵石底质、具沙质河滩的河段。现状调查期间,未在小通江采集到中华鳖,但在大通江长坪段采集到1尾中华鳖幼体。

3.3.2 影响分析

3.3.2.1 施工期对鱼类的影响

青峪口水库枢纽工程施工期间,对生产废水、生活污水、固体废弃物、生活垃圾等均进行了必要的处理,不会对河流水质造成明显影响。但是,围堰施工会导致局部水域变浑浊或酸碱度改变,加上各项施工活动产生的震动和噪声等,将使原来栖息于工程枢纽区域的鱼类逃离。三期工程上下游围堰截流,将使少量未及时逃离的鱼类困于基坑。二期大江截流后的施工期,坝区过流通道仅为右岸的导流明渠,二期围堰和三期围堰将对鱼类通过坝区的迁移活动造成一定的阻隔效应。

水库将在第6年9月初下闸,开始初期蓄水。初期蓄水会造成坝下河段短期减水和鱼类栖息生境缩减,导致下游河段浮游植物、浮游动物、底栖动物的种类和密度等可能下降,因而坝下河段鱼类的分布将可能发生一定改变,一些大、中型鱼类可能向下游高坑水库库区迁移,坝下河段鱼类的资源量也将减少。

库区草池滑坡体治理工程和涪阳镇防护工程施工产生的震动和噪声,以及涪阳镇新建堤防施工对局部水体产生的扰动等,将使该河段的鱼类远离施工区域。

不过,库区防护工程施工河段较短,不涉及鱼类产卵场和越冬场,且安排在枯水期施工,涉水施工很少,因而对鱼类的影响将较小。

青峪口水库枢纽及库区防护工程的施工,将引起鱼类短暂逃离工程影响河段,但施工结束后鱼类会回到工程水域;水库初期蓄水可能影响坝下河段鱼类分布。枢纽和库区防护工程施工及水库初期蓄水工程施工对工程河段鱼类多样性不会造成明显的影响。

3.3.2.2 大坝阻隔的影响

青峪口水库大坝下游约4km和6.6km处已分别建成石牛咀水电站和锦江花园闸坝,并在小通江河口上游约9.5km的大通江河段和下游9.7km的通江干流河段分别建成了九浴溪水电站和高坑水电站。上述电站和闸坝对大通江、小通江鱼类的洄游已造成了一定的阻隔。

青峪口水库建成后,由于大坝阻隔,大坝上下游河段鱼类的组成将发生一定的变化,库区河段鱼类将以适应静水环境的种类为主,而坝下河段鱼类种类则变化不大。从河流特性看,坝上鱼类中,喜静水和缓流水性产卵鱼类能在库区繁殖,喜流水性产卵鱼类则可能被迫向库尾或库尾以上的自然河道中转移。

大坝的阻隔作用主要表现在生境的片段化。评价区江段鱼类组成以产沉黏性卵种类为主,没有发现必须经过大坝才能完成生活史的鱼类,大坝阻隔对大多数产沉黏性卵种类繁殖不会产生较大的影响。小通江河流河道弯曲,有宽有窄,滩潭交替,多边滩、暗礁和岩洞,水流缓急变化,河底主要是由砾石和砂组成,鱼类主要以产黏性卵的定居性中、小型鱼类为主,包括鲤形目中的鲤、鲫、白甲鱼、华鲮、中华倒刺鲃、宽口光唇鱼、唇䱻、花䱻、宽鳍鱲、马口鱼等,以及鲇形目中的南方鲇、鲇、黄颡鱼、粗唇鮠、切尾拟鲿、大鳍鳠、福建纹胸鲱等,其产卵、索饵、越冬场沿江分散分布且相互紧邻。这些种类一般可以通过很短距离的迁移就近找到适合产卵、索饵和越冬的场所。青峪口水库大坝的阻隔对小通江鱼类正常繁殖活动的影响比较有限。

青峪口水库大坝位于四川诺水河珍稀水生动物自然保护区小通江河段的下游,水库建设不会影响保护区河流生态系统的连续性和完整性,不会阻断保护区内鱼类迁移的通道。但是,青峪口水库大坝地处四川诺水河珍稀水生动物自然保护区小通江部分与大通江部分之间的过渡段,在石牛咀水电站、锦江花园闸坝和九浴溪水电站已造成阻隔影响的基础上,青峪口水库建设将进一步加剧小通江下游河段水生生境片段化,对具有短距离迁移习性的鱼类有较强阻隔效应,在一定程度上阻断坝下小通江河段鱼类及大通江鱼类向自然保护区小通江河段的迁移交流。坝下小通江河段受人类活动的影响,适合流水砂卵石底质产黏性卵鱼类产卵的生境有限,坝下小通江鱼类和大通江鱼类为完成繁殖活动,仍有向保护区小通江河段上溯的需求。青峪口水库大坝将阻隔坝下河段的部分产黏性卵鱼类(白甲鱼、华鲮、中华倒刺鲃、宽口光唇鱼、唇鱨、花鳕、南方鲇、鮎、黄颡鱼、粗唇鮠、切尾拟鲿、大鳍鳠)以及一些产漂流性卵鱼类(银鮈、蛇鮈等)在春、夏季到上游繁殖、索饵的迁移通道,同时,大坝的阻隔使河流中鱼类及其他水生动物改变其生活路线,它们的空间分布格局和种群数量将会发生较大的变化。因此,青峪口水库工程的建设和运行对小通江鱼类的洄游及大通江、小通江鱼类的基因交流等有一定影响。

总之,青峪口水库大坝的建设将使河段水生生境片段化,在一定程度上阻断上下游鱼群之间的迁移和交流,河流中鱼类的空间分布格局和种群数量将会发生较大变化。不过,适应库区静水环境和适应坝下流水环境的鱼类能分别在不同的水生生境完成繁殖活动。

3.3.2.3 对库区河段鱼类组成的影响

根据水文情势的影响分析,水库建成后,坝前水面面积增加、水深增加、流速减缓,坝下河段下泄生态流量能够满足生态需求。

水库建成后,河段原有的流量、流速、水温和流态均将发生变化,改变一些鱼类已适应的生态环境。但库区河段水面扩大,水体容量增加,饵料生物得以发展,各种浮游生物、水生维管束植物、底栖动物等的种群数量将会明显增加,给一些敞水性鱼类和喜静水生活的鱼类营造良好的生活环境,这些鱼类在库区河段的种群将得以迅速发展,资源量将有所增加。

调查表明,涪阳以下小通江河段分布有鱼类28种,其中华鲮、岩原鲤、蛇鮈、中华倒刺鲃、白甲鱼、四川华吸鳅、鮎、黄颡鱼、瓦氏黄颡鱼、光泽黄颡鱼、粗唇鮠、大鳍鳠、福建纹胸鮡、白缘䱀等为喜流水性种类,其生存、繁殖、索饵等可能受水库淹没的影响。不过,这些种类在涪阳以上的小通江河段中均有分布,青峪口建库淹没不会影响小通江的鱼类物种多样性。

类比分析认为,青峪口水库库区内喜急流环境生活的鱼类(如华鲮、岩原鲤、蛇鮈、中华倒刺鲃、白甲鱼等)种群数量将因环境的变化、饵料生物的变化等向库尾流水、缓流水或小通江上游河段迁移;喜在急流水中营吸着生活的四川华吸鳅、福建纹胸鮡、白缘鮡等在库区将减少。

可见,青峪口水库的建设运行将改变库区的鱼类分布、组成和群落结构,部分适应静水、缓流水生活的鱼类(宽鳍鱲、马口鱼、麦穗鱼、鳑鲏等)的资源量可能上升,但该河段内一些适应流水、急流水生活的鱼类的资源量将下降。

3.3.2.4 下泄低温水的影响

根据水温预测,青峪口水库具有不稳定热分层条件,2—5月存在低温水效应。青峪口坝下至小通江河口段长约15.5km,该河段沿程仅有季节性冲沟,无常年流水河流汇入,该河段水温主要受青峪口下泄水温的影响,以3月的水温降幅最大(2.6~3.1℃)。青峪口水库下泄水温在坝下小通江河段恢复慢,但汇入大通江后基本不影响大通江水温。因大通江来水的掺混作用,下泄水温在汇入通江干流后基本不影响大通江水温。

根据各典型年水库水温预测成果分析,青峪口建库后,3—5月均对下游造成低温水效应,以枯水年3月份的水温降幅最大,为3.1℃。单层取水情况下,3月下旬青峪口水库下泄水温8.4~9.2℃,比坝址天然水温下降2.3~3.1℃。

大通江、小通江可能在早春(3月)繁殖的鱼类主要为鲤、鲫、南方鲇等,这些鱼类繁殖水温通常需要在14℃以上。坝下河段3月的天然水温通常在14℃以下,总体无法满足这些鱼类产卵繁殖对水温要求。虽然4月和5月水库下泄水温降幅比3月依次减小,坝下河段的水温也可随之升高到14℃以上,但各典型年下泄水温达到14℃的时间比天然情况延迟12~18天。

青峪口水库在3—5月下泄低温水,下泄水温达到14℃的时间比天然延迟12~18天,将影响坝下河段鱼类零星产卵,并推迟鱼类由坝下河段上溯至保护区河段产卵的时间,设置分层取水设施可有效减缓水库下泄低温水对鱼类的影响。

3.3.2.5 气体过饱和的影响

青峪口水库遭遇5年一遇及以下标准常遇洪水时,出库洪水在坝下产生过饱和TDG的风险不大;出库洪水的TDG饱和度将在坝下小通江河段沿程降解,特别是汇入通江干流后,由于大通江来水的掺混作用,大通江干流河段水体的TDG过饱和度将显著降低。

大通江、小通江现有鱼类57种,产卵繁殖期一般为3月下旬至7月中旬。根据小通江的洪水特性,青峪口水库通过泄洪设施下泄1000m³/s以上流量的时段,主要是主汛期6—9月。水库泄洪时段多迟于大多数鱼类的主要产卵期,基本可避开仔、稚鱼及早期幼鱼期,而较大幼鱼及成鱼对过饱和TDG有一定的耐受能力和回避能力。

目前,对于小通江鱼类对过饱和TDG耐受性尚缺乏相关研究成果。四川大学近年来开展的长江上游特有鱼类对过饱和TDG耐受性研究成果表明:TDG饱和度120%及以下对不会产生致死性影响;成鱼和较大幼鱼具有水平探知低饱和度TDG区域的能力,并具有一定的下潜至水体深处躲避TDG过饱和不利影响的能力;在鱼类耐受TDG饱和度相应水位之下留出不小于2m的补偿水深,即可满足鱼类躲避TDG过饱和不利影响的需求。

根据青峪口水库泄洪消能设施和泄洪特点、坝下水系格局及大通江、小通江鱼类的生态习性,结合现有的过饱和TDG及鱼类对过饱和TDG耐受性研究成果分析,青峪口水库遭遇5年一遇及以下标准洪水的情况下,出库洪水在坝下产生过饱和TDG的风险不大,对鱼类影响较小。

3.3.2.6 对鱼类资源的影响

青峪口水库库区及坝下河段现状水质较好。根据水质预测结果,青峪口建库后,库区河段水质可达地表水Ⅱ类水质标准,坝下河段水质可达地表水Ⅲ类水质标准,库区及下游水质不会出现恶化现象,与建库之前水质条件相差不大,对鱼类影响较小。青峪口水库工程淹没的保护区小通江段实验区河段是华鲮、中华倒刺鲃、白甲鱼等经济鱼类产卵、索饵和越冬的重要水域,这些河段为砂卵石底质,石隙、石缝等多,水浅,水流特性较复杂,流速紊乱,适合产黏性卵鱼类产卵、卵苗发育及幼鱼索饵。库区河段主要分布有张家坝、袁家坝等鱼类产卵场,袁家坝潭、七水沱、玉皇庙-浦家湾、岳家咀—谢家河坝等鱼类越冬场,这些深潭与浅滩交汇段为鱼类索饵场。水库建成后,袁家坝、张家坝产卵场将被季节性淹没,适应流水滩、砂卵石底质产粘性卵的鱼类,如白甲鱼、华鲮、宽口光唇鱼、黄颡鱼、鲇类、长吻鮠、大鳍鳠等在保护区实验区河段的繁殖活动将受到一定的影响,将使实验区河段这些鱼类的早期资源和种群补充量减少,资源量下降。不过,库区水面变宽,水流变缓,营养物质滞留,透明度升高,有利于浮游生物的繁衍,浮游生物种类和现存量均会明显增加,水体生物生产力提高,有利于适应静水或缓流水的小型鱼类(如鳘、宽鳍鱲、马口鱼、麦穗鱼、片唇鮈等)的资源量的增加,进而使一些中上层肉食性鱼类的资源量增加,适应流水、急流水生活的鱼类的资源量将下降。

3.3.2.7 对鱼类"三场"的影响

鱼类的产卵场、索饵场和越冬场是长期自然选择和鱼类适应环境的结果,往往在同一河段会有不同地形的栖息活动场所。

（1）对产卵场的影响

青峪口水库建成后,小通江涪阳火石岭以下四川诺水河珍稀水生动物国家级自然保护区实验区部分河段将被淹没成库。

四川诺水河珍稀水生动物国家级自然保护区的小通江段,共分布 10 处产卵场,产卵场总长 16.25km。其中,青峪口水库淹没涉及张家坝产卵场(长 0.5km)和袁家坝产卵场(长 1.4km),其他 8 处产卵场(长度 14.35km)不受淹没影响。张家坝产卵场将不受水库淹没和泥沙淤积的影响。

青峪口建库后,通过优化调度方式,水库对袁家坝产卵场的壅水影响将大幅度降低,袁家坝产卵场河段泥沙淤积进程也将有所减缓。鱼类主要产卵繁殖期 3 月下旬至 7 月中旬水库蓄水对袁家坝产卵场壅水影响主要在右侧深槽,相较于天然状态,最大水深增加量为 0.03～2.19m,对左侧滩地影响较小,水库运行前 20 年,左岸滩地仍将基本维持现状形态,产卵场的功能仍将得以维持。随着水库运行年限的增加,袁家坝产卵场将逐步被淤沙覆盖,产卵场的规模将逐步减小,水库运行 100 年末,该产卵场基本被淤积的泥沙覆盖。在袁家坝产卵场规模逐渐减小的过程中,鱼类产卵繁殖期,习惯于在袁家坝产卵的亲鱼产卵群体可以向库尾以上保护区实验区、缓冲区和核心区河段迁移,在这些河段内有张家坝、漩涡滩、任家坝、建营坝、堡子岭滩、大浪溪、岩坝滩等多处产卵场。

青峪口水库坝下河段未分布典型的产卵场,主要是钝吻棒花鱼、嘉陵颌须鮈、宽鳍鱲、马口鱼、高体鳑鲏、中华鳑鲏、子陵吻鰕虎鱼等鱼类的零星产卵生境。青峪口水库运行期下泄生态流量,来水流量小于生态流量,对其坝下河段鱼类的产卵活动影响较小。

（2）对索饵场的影响

小通江深潭与浅滩交汇河段较多,形成了鱼类的索饵场,主要有瓦石滩、写字岩、大浪溪、堡子岭、漩涡滩、袁家坝、七水沱、岳家咀—谢家河坝等。青峪口水库库区蓄水后,袁家坝、七水沱、岳家咀—谢家河坝索饵场的流水生境将发生改变,喜流水鱼类将被迫向上游流水江段迁徙。但是,由于库区营养物质的增加,水体中的初级生产力提高,库区将形成新的喜静(缓)水鱼类的索饵场。

青峪口水库的初期蓄水及运行期的各阶段蓄水均遵从自然节律,通过生态调度和下泄生态流量,对坝下河段浮游生物、底栖动物及着生藻类等各类饵料生物及鱼类的索饵活动的影响较小。

（3）对越冬场的影响

通江流域的鱼类越冬场主要分布在深潭及深水狭谷段,多数为深水区,青峪口库区河段现有七水沱、玉皇庙—浦家湾、岳家咀—谢家河坝等越冬场。水库蓄水后,库区河段水深增加,水域面积扩大,将为绝大多数鱼类提供更好的越冬场所。即使青峪口水库将上述天然越冬场淹没,鱼类也可在库区其他水域寻觅到新的越冬场。

青峪口坝下现由石牛咀水电站和锦江花园闸坝,其壅水区现为鱼类越冬场。拆除石牛咀水电站是青峪口枢纽建设的组成部分,该工程实施后,青峪口坝下河段鱼类将向高坑水电站库区等下游深水区域迁徙越冬。

总体上来看,青峪口水库的建设对鱼类越冬的影响较小,在某种程度上有利于个体较大的鱼类越冬。

3.3.2.8 对鱼类早期资源的影响

水库建设对鱼类早期资源的影响主要表现为:在水库蓄水导致库区河段水位上升,流速变缓,从而导致漂流性卵因无法顺利漂流进而发生沉降而大量死亡;同时,由于产黏性卵鱼类通常将卵产在流水浅滩的石头和水草上,水库淹没河段后,黏性卵附着基质消失,也会造成产黏性卵鱼类资源的大量损失。

以鱼类产卵主要时期（4—6月）90天计算,当青峪口水库在正常蓄水位400m运行时,将淹没四川诺水河珍稀水生动物国家级自然保护区的实验区26.8km河段,该河段袁家坝和张家坝主要产卵场将被淹没,其鱼类卵苗损失量约为1.032×10^9ind;在防洪限制水位384m运行时,将淹没保护区实验区19.3km河段,袁家坝鱼类产卵场将被淹没,鱼类卵苗损失量约为8.91×10^8ind;在376m运行时,保护区实验区内的袁家坝、张家坝等鱼类产卵场、索饵场基本不会被水库淹没,鱼苗损失量相对较小。

3.3.2.9 对珍稀特有鱼类的影响

评价区分布有国家二级保护鱼类岩原鲤。根据现状调查和当地渔业部门的资料,岩原鲤野生种群主要分布在大通江下游河段（包括大通江河岩原鲤国家级水产种质资源保护区）；小通江的核心区和缓冲区分布有岩原鲤，小通江的岩原鲤资源量较少，对小通江鱼类资源的历次调查中，仅在缓冲区的建营坝捕获1尾。

青峪口水库淹没的实验区河段可能分布有岩原鲤。青峪口水库对岩原鲤的影响：不利影响主要是其在库区河段的可能产卵活动，但库尾以上适宜其产卵的生境众多，如位于缓冲区和核心区的漩涡滩、任家坝、建营坝、堡子岭滩、大浪溪、岩坝滩等；有利影响则是库区水面、水深增加，可以为岩原鲤提供适宜的越冬场所。青峪口水库建设基本不影响岩原鲤在大通江的产卵生境及资源量。在青峪口枢纽施工期，通过实施栖息地建设工程及九浴溪水电站拆除等连通工程，有利于岩原鲤栖息繁殖等。

青峪口库区河段分布有短体副鳅、双斑副沙鳅、四川华鳊、半𩾃、嘉陵颌须鮈、裸腹片唇鮈、宽口光唇鱼、华鲮、岩原鲤、四川华吸鳅、拟缘䱂十一种长江特有鱼类，除华鲮、岩原鲤、宽口光唇鱼外，其余均为小型种类。这些特有鱼类大多数种类在砂卵石底质产黏性卵，在流水河段的浅缓流区及支流汇口等河段索饵。青峪口水库对这些特有鱼类的影响主要是淹没产卵场和索饵生境。在鱼类主要繁殖季，水库按照坝前水位不超过376m进行生态调度，对袁家坝产卵场及索饵生境的影响小，草池以上仍将维持流水状态，因而水库运行对这些鱼类的影响较小。

此外，双斑副沙鳅等少数产漂流性卵种类在库区河段有少量分布，其产卵场零星分布在袁家坝上游的草池及以上河段，袁家坝至坝前河段水深流缓，本身并不适合产漂流性鱼类产卵。在其主要繁殖季节，青峪口水库降低水位运行，草池以上河段仍保持流水状态，这些产漂流性卵鱼类在袁家坝以上库区河段仍可保留适宜的产卵场所及足够的卵苗漂程，因此，青峪口水库运行对这些产漂流性卵鱼类的影响较小。

4 过鱼对象游泳能力研究

4.1 鱼类游泳能力研究现状

4.1.1 国外研究进展

在鱼类的游泳能力研究中,表示鱼类的游泳能力的主要指标有2类:一是趋流特性,即鱼类对水流的趋向性以及感应敏感程度;二是克流能力,即鱼类克服一定流速水流的能力。对鱼类趋流特性的研究主要以鱼类群体对流速的感应程度和鱼类个体对流速的感应程度为切入点,以鱼类开始逆水流游泳为指示指标;在克流能力方面,主要以鱼类持续游泳时间大于200min为指标,或者以鱼类体内出现疲劳的生理指标为指示。由于鱼类持续游泳能力为鱼类在恒定低流速下的游泳行为,在过鱼设施内出现的概率较小,一般研究主要局限在鱼类的生理疲劳指标方面。

鱼类趋流特性和克流能力反应鱼类游泳能力。一般以感应流速作为对水流的趋向性和感应敏感程度的指标,持续游泳速度(sustained swimming speed)、耐久游泳速度(prolonged swimming speed)和突进游泳速度(burst swimming speed)三个指标作为鱼类克服水流流速能力的指标。

感应流速:鱼类产生趋流反应的流速,通常以鱼类游动方向的改变为指示,是鱼道设计中的最小流速。

持续游泳速度:也称为巡游速度,测试鱼类持续游泳时间200min以上,以鱼类不感到疲劳的流速作为持续游泳速度。这种条件下,鱼类是有氧代谢提供能量,促进红肌纤维缓慢收缩,推动鱼类运动。

耐久游泳速度:处于持续游泳速度和突进游泳速度之间的一类,通常能够维持20s至200min,以疲劳结束。测试时采用耐久游泳速度的最大值临界游泳速度和持续游泳时间来表示。在这种速度下,消耗能量的获取方式既有有氧代谢也有厌氧代谢,厌氧代谢提供的能量较高,容易积累大量乳酸,使鱼类感到疲劳。

由于耐久游泳速度可以保持相对较长的时间,且对鱼类不会造成明显的生理压力(其中,临界游泳速度是耐久游泳速度的上限值),获取这个数值对于在保证鱼类通过的前提下减小工程量,缩短鱼道长度有重要意义。根据国际上对鱼类游泳行为的研究,一般将临界游速作为过鱼设施过鱼孔的设计流速的重要参考值。

突进游泳速度:鱼类所能达到的最大速度,维持时间很短,通常小于20s。此速度下,鱼类通过厌氧代谢得到较大能量,获得短期的爆发速度,同时也积累了乳酸等废物。鱼类一般在面临捕食或被捕食以及其他特殊情况下应急采用突进游泳速度,对于鱼道的一些特殊结构及高流速区,鱼类通常也采用突进游泳速度通过。通过比较3种鱼的突进速度发现,鱼类的突进速度与体长有一定的关系,每秒前进的距离均约为其体长的10倍。不同种类的鱼类没有明显差异。但是,鱼类的突进速度并不是固定的,会随着突进游动的持续时间而明显降低(Bainbridge,1960)。Schwarzkopff(1995)研究发现,突进速度在持续2s后就会显著减小到4~6BL/s。由于突进游动所消耗的主要是进行无氧运动的白肌能,白肌能的变化也决定了鱼类的突进速度。一般而言,突进速度的绝对值随体长增加,相对值随体长减小。一般鱼类通过鱼道中的特殊结构以及过鱼孔的时间小于20s,所以一般以这个突进游速作为鱼类可通过的重要指标。

4.1.2 国内研究进展

我国过鱼设施及鱼类行为学研究起步较晚,在20世纪80年代为葛洲坝、富春江等鱼道设计做过一些鱼类行为学试验,测试鱼类比较单一,局限于测试鱼类的最大游泳能力,对其他行为学参数没有涉及。近年来,水利工程建设带来的生态环境问题日益受到国内研究学者的重视,一些科研院所及高等院校陆续开展了一些鱼类行为学研究,研究手段和观测手段也有了一定进步。

涂志英等(2011)总结了鱼类游泳类型及游泳能力评价指标,并提出了游泳速度模型、跳跃高度模型和游泳耐力模型,分析了鱼类游泳能力和行为的研究方法,并自行设计了鱼类游泳能力装置。

石小涛等(2012)对胭脂鱼幼鱼的临界游泳速度进行了研究,胭脂鱼的临界游泳速度绝对值分别对应(33.90±2.76)cm/s、(36.87±2.77)cm/s、(48.35±3.75)cm/s,相对体长的临界游泳速度分别对应(11.14±0.89)BL/s、(9.05±0.66)BL/s、(7.45±0.50)BL/s。临界游泳速度绝对值随试验鱼体长的增加呈增加。

鲜雪梅等(2010)对南方鲇、瓦氏黄颡鱼、青鱼、锦鲫四种幼鱼的临界游泳速度进行了研究,采用循环控温水槽测定临界游泳速度和耐受时间。结果表明,南方鲇、瓦氏黄颡鱼、青鱼、锦鲫的临界游泳速度分别达到3.14BL/s、5.25BL/s、5.9BL/s、7.38BL/s,其中南方鲇和瓦氏黄颡鱼更擅长短时间的高速运动。

朱晏苹等(2010)测定了瓦氏黄颡鱼临界游泳速度,并对瓦氏黄颡鱼的新陈代谢率进行了测试和分析。结果表明,瓦氏黄颡鱼绝对临界游泳速度达到(48.28 ± 1.02)cm/s,对无氧代谢的依赖程度较低。

赵文文(2011)在低温条件下对鲫鱼的临界游泳速度和耐受时间进行了研究。结果显示,鲫鱼幼鱼的绝对临界游泳速度为(26.29 ± 1.85) cm/s,相对临界游泳速度为(3.36 ± 0.22) BL/s,低温条件下鲫鱼幼鱼临界游泳速度低于冷水性鱼类水平。

袁喜等(2011)通过自制的鱼类游泳试验装置,研究了流速对鲫游泳行为和能量消耗的影响。结果表明,鲫的摆尾频率、摆尾幅度随游泳速度变化有明显的规律。随着游泳速度的增加,鲫的摆尾频率与幅度都相应地增加。每秒流速小于3倍体长与大于3倍体长,摆尾频率差异性显著,而摆尾幅度差异性不明显。水温16℃时,体长12~20cm鲫的相对极限流速为每秒(3.85 ± 110)倍体长,绝对极限流速为0.66m/s。

袁喜等(2012)研究了流速对细鳞裂腹鱼游泳行为和能量消耗的影响。结果显示,细鳞裂腹鱼的摆尾频率随游泳速度的变化有明显的变化规律,摆尾频率随着流速的增加而显著升高,而摆尾幅度有减小趋势,差异性不显著。结果还表明,(26 ± 1)℃时,(10.6 ± 0.54)cm细鳞裂腹鱼的相对临界游泳速度为(11.5 ± 0.5)BL/s,绝对临界游泳速度为(110.28 ± 2.02)cm/s。

涂志英等(2012)测定了4个温度(5℃、10℃、15℃和18℃)梯度下亚成体巨须裂腹鱼的临界游泳速度(Ucrit)及流速变化对耗氧率的影响,野生亚成体巨须裂腹鱼的临界游速随着温度的变化呈近似线性的递增趋势$(P<0.001)$,4个温度下的绝对临界游速(Ucrit-a)分别为(0.88 ± 0.07)m/s、(1.09 ± 0.07)m/s、(1.24 ± 0.15)m/s和(1.49 ± 0.15)m/s,相对临界游速(Ucrit-r)分别为(3.96 ± 0.21)BL/s、(4.4 ± 0.16)BL/s、(4.9 ± 0.18)BL/s和(5.35 ± 0.14)BL/s。

蔡露等(2012)采用递增流速法,研究了鳙幼鱼游泳能力和游泳行为。蔡露等(2013)对鱼类游泳特性评价指标进行了总结,从不同影响因素(流速和温度,以及溶氧水平、盐度、鱼体重、年龄和摄食水平等)的角度探讨了鱼类游泳特性。

吴寿昌等(2017)研究了黄颡鱼的游泳能力与体长、体重、温度的关系,黄颡鱼的游泳能力与体长、体重、温度呈正相关关系,临界游泳速度、持续游泳时间、爆发式游泳速度在一定范围内随体长的增大而增加,黄颡鱼的临界游泳速度随温度的升高而呈上升趋势,持续游泳时间在温度为20℃时达到最大。温度与黄颡鱼的爆发式游泳速度无关。

柯森繁等(2017)以鲢为对象,通过行为学分析软件对鲢在顶流游泳状态下顶流静止和顶流前进的行为中,在水流速度、摆尾频率、相对摆尾振幅、绝对游泳速度和游泳加速度之间进行了相关性分析。

金志军等(2017)测定马口鱼的临界游泳速度值为 $6.07\sim12.03\mathrm{cm/s}$(相对临界游泳速度为 $6.57\sim12.65\mathrm{BL/s}$);冲刺游泳速度为 $65.03\sim155.07\mathrm{cm/s}$(相对冲刺游泳速度为 $5.31\sim17.95\mathrm{BL/s}$),78%的实验鱼其冲刺游泳速度大于1m/s,平均冲刺游泳速度约为平均临界游泳速度的1.23倍。

李志敏等(2018)采用递增流速法测定了厚唇裂腹鱼的感应流速、临界游泳速度及爆发游泳速度,利用固定流速法进行了厚唇裂腹鱼的耐力测试。结果表明,实验鱼感应流速为 $(1.14\pm0.28)\mathrm{BL/s}[(24.5\pm4.10.3)\mathrm{m/s}]$,临界游泳速度为 $(6.04\pm1.21)\mathrm{BL/s}[(117.61\pm12.34)\mathrm{cm/s}]$,爆发游泳速度为 $(111.41\pm2.79)\mathrm{BL/s}[(210.24\pm39.56)\mathrm{cm/s}]$,3种速度均随体长增加呈下降趋势。耐力测试中,随着设定流速($80\sim130.5\mathrm{m/s}$)增加,游泳时间显著下降。疲劳时间与游泳速度呈显著负相关。

4.2 测 试 方 法

4.2.1 试验方法

测试方法一般采用固定流速法和递增流速法。固定流速法即在整个试验中流速不发生变化,记录鱼类可在某一流速下持续游动的时间。递增流速法为逐步增大流速且保持一定的时间间隔,直至鱼达到疲劳。感应流速测试方法是将鱼类个体放置在测试水槽的静止水体中,逐渐增大流速,直到鱼类掉头至水流方向,记录此时的流速大小为感应流速。

临界游泳速度测试方法:测试水槽初始流速为1BL/s(BL为鱼类体长),每20min增加1BL/s,直至鱼类达到极限疲劳无法游动。临界速度的计算公式如下:

$$U_{crit} = V_P + \left(\frac{t_f}{t_i}\right)V_i$$

其中,V_i是流速增量,V_P是鱼极限疲劳的前一个水流速度,t_f是上次增速到达极限疲劳的时间,t_i是两次增速的时间间隔。

突进游泳速度与临界游速测试方法基本一致,流速增量时间间隔改为20 s,计算公式与临界游速计算公式一致。

4.2.2 实验装置

水槽试验法是最常见的研究鱼类游泳能力及游泳行为的方法,一般在室内水槽中进行。其能够排除复杂的外部环境因素,具有可重复性。游泳能力测试前,采用流速仪标定流域与变频电机工作频率的关系,测试过程中测定溶氧、水温等水质指标。国内常见测试鱼类游泳能力的环形水槽见图4.2-1~图4.2-8。

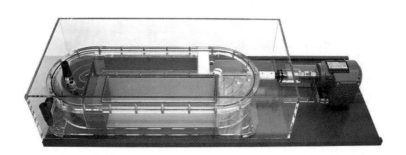

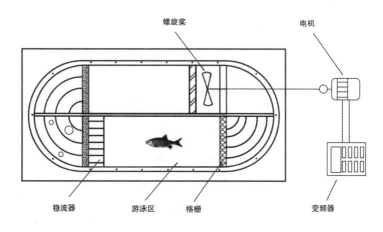

图 4.2-1　常见的环形水槽

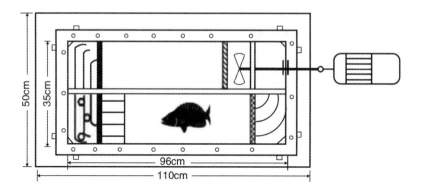

图 4.2-2　环形游泳呼吸仪装置

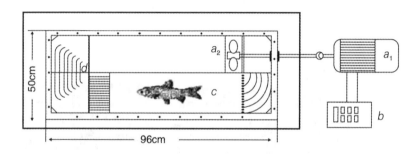

图 4.2-3　可调频电机环形装置

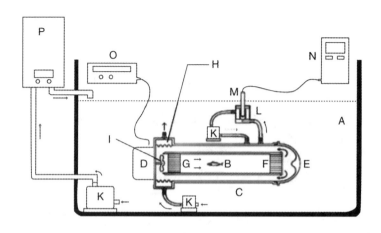

图 4.2-4　鱼类游泳耗氧测定仪装置

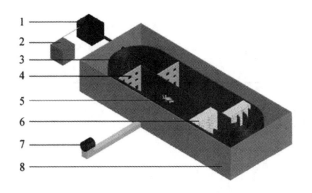

1.电动机；2.变频器；3.游泳槽；4.拦网；5.试验鱼；6.整流器；

7.摄像头；8.外箱

图 4.2-5 室内环形水槽装置

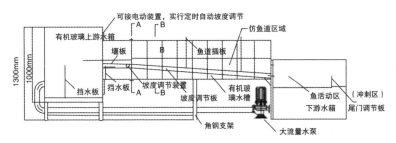

图 4.2-6 开放式水槽装置

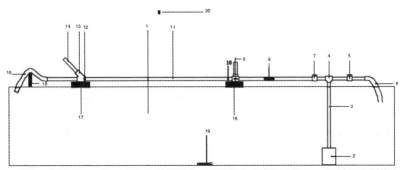

1.水槽；2.抽水机(YY0300)；3.水管（PVC 塑料管）；4.三通管：5，7.水冈（内径11cm，材质为 PVC 塑料管）；
6，15.钢丝软管：8.稳流器（由长短不一的细PVC 塑料管自制而成，其中最外面的最长）；9.流速仪（螺旋桨式流
速仪流速计算公式$U=a+bN/2T$，$a=0.0112$，$b=0.1189$，N为接受到的信号数，T为时间）；10.筛网（细铁丝自制
而成）；11.观测区（由长150 cm、内径 12 cm、横截面积 103.09cm² 的透明PC 管制成）；12.活动筛网（由细铁丝
制成）；13.斜三通管；14.鱼和筛网放入口；16–18.支架；19.热水棒；20.摄像头

图 4.2-7 带监控的室内实验水槽

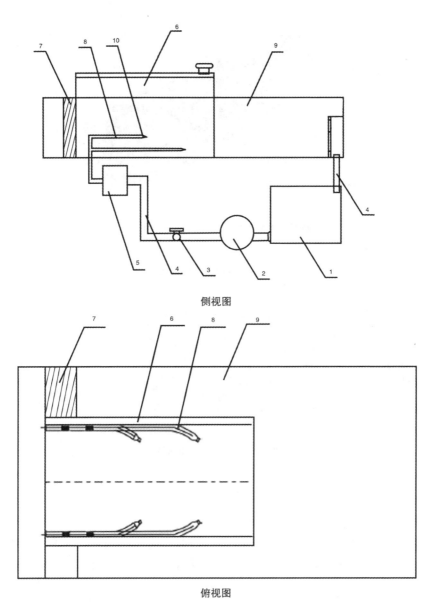

侧视图

俯视图

1.水箱；2.水泵；3.调速阀门；4.PVC管；5.分水管；6.船闸；7.坝体；8.冲水管道；9.水槽；10.可调节角度喷嘴；11.自动控制水位闸门

图4.2-8 船闸式鱼类游泳呼吸装置水槽

4.3 过鱼对象分析

我国共有淡水鱼类1010种,隶属19目52科268属。其中,属于中国特有鱼类有775种,约占土著种的75%(朱松泉《中国淡水鱼类检索》,1995年)。长江流域有鱼类400余种,淡水鱼类约348种,占全国淡水鱼类的约1/3。长江流域鱼类分布见表4.3-1。

表4.3-1 长江流域鱼类主要种类及分布

河流(湖泊)	种类	重要鱼类
通天河以上	种类不多,约14种,主要为土著鱼类	细尾高原鳅、裸腹叶须鱼、唐古拉高原鳅等
金沙江上游	约30种,裂腹鱼、高原鳅等当地特有种	松潘裸鲤、裸腹重唇鱼、裸裂尻鱼等
金沙江中下游至宜昌以上干流	种类多,约190种,特有种多,是长江上游特有鱼类集中分布水域	圆口铜鱼、圆筒吻鮈、长鳍吻鮈鲈鲤、四川白甲鱼短须裂腹鱼、短体副鳅、前鳍高原鳅、长薄鳅、中华金沙鳅、黄石爬鮡、胭脂鱼、达氏鲟等长江珍稀特有鱼类
长江中下游	230多种,特有种较少,东亚特有的江河平原鱼类区系	中华鲟、四大家鱼、长颌鲚、铜鱼、鲶、鲤、麦穗鱼、赤眼鳟、蒙古鲌、鳎、鳜、黄颡鱼等
河口地区	鱼类组成十分复杂,包括海水鱼类、淡水鱼类和半咸水种类,约160种	刀鲚、鲥鱼、暗纹东方鲀、虾虎鱼等
雅砻江	种类丰富,80余种,是长江上游特有鱼类集中分布水域	圆口铜鱼、裂腹鱼、裸腹叶须鱼、软刺裸裂尻鱼、短尾高原鳅、青石爬鮡等长江上游特有鱼类
岷江水系	岷江干流、大渡河干流、青衣江等支流约164种,长江上游特有鱼类约37种	成都鱲、鯮、鳡、鲈鲤、岩原鲤、侧沟爬岩鳅、窑滩间吸鳅、青石爬鮡、四川吻虾虎鱼等
沱江	116种,其中特有种35种	成都鱲、彭县似鱼骨、岩原鲤三种列入中国物种红色目录,四川省重点保护鱼类有重口裂腹鱼、岩原鲤、青石爬鮡、四川鮡、鲈鲤等十余种

河流(湖泊)	种类	重要鱼类
嘉陵江	126种,干流特有种38种	白鲟、青石爬鳅、达氏鲟、云南鲴、黄石爬鳅、中华鳅、鳡、方氏鲴、岩原鲤、胭脂鱼、长薄鳅等
乌江	129种,干流特有种33种	长薄鳅、长鳍吻鮈、短体副鳅、钝吻棒花鱼、高体近红鲌、黑尾近红鲌、红唇薄鳅、伦氏孟加拉鲮、宽口光唇鱼、宽体沙鳅、鲈鲤等
汉江	127种	东方薄鳅、鳡、鳤、鳜、尖头鲌、翘嘴鲌、中华倒刺鲃、多鳞白甲鱼、长吻鮠、四大家鱼等,国家二级保护鱼类有川陕哲罗鲑、秦岭细鳞鲑
清江	约80种	湖北省级重点保护种类有小口白甲鱼、长阳鳅、鳤、长吻鮠、多鳞铲颌鱼、东方中华裂腹鱼等
鄱阳湖	133种	鲤、鲫、银鱼、刀鲚、鳊鱼、青鱼、草鱼、鲫、鲢、鳊、翘嘴鲌、鳗鲡等
洞庭湖	119种	鲫鱼、鳗鲡、暗纹东方鲀、刀鲚、大银鱼、青鱼、草鱼、鲢、鳙、鳜、鳊、鳤、鲤、鲫、鲇等

由于我国鱼类种类繁多,鱼类生态习性复杂,栖息水层、食性、繁殖习性及洄游特征各不相同,从理论上来说,过鱼设施应该使受影响的所有种类通过,不仅仅是洄游性鱼类,空间迁徙受工程影响的所有鱼类都应是过鱼设施需要考虑的过鱼对象。但过鱼设施的结构和布置很难做到同时对所有鱼类都有很好的过鱼效果,目前一般根据不同对象受影响的程度划分优先等级,在选择过鱼对象时,主要考虑:具有洄游及江湖洄游特性的鱼类;受到保护的鱼类;珍稀、特有及土著、易危鱼类;具有经济价值的鱼类;其他具有迁徙特征的鱼类。通过文献资料调研分析,受长江流域主要水利工程影响的鱼类及过鱼对象见表4.3-2。

表4.3-2　受长江流域主要水利工程影响的鱼类及过鱼对象

区域	水电站	影响的鱼类和过鱼对象	过鱼设施
长江	三峡、葛洲坝	中华鲟、白鲟、胭脂鱼等长距离洄游性鱼类	无

区域	水电站	影响的鱼类和过鱼对象	过鱼设施
汉江	孤山水电站	青鱼、草鱼、鳙、鲢、鳊、鳡、鳜、赤眼鳟等短距离洄游性鱼类	仿自然型鱼道
汉江	雅口	鲢、草鱼、青鱼、鳙、赤眼鳟、长吻鮠等	鱼道
雅砻江	两河口水电站	裂腹鱼、高原鳅、黄石爬鮡等	鱼道+索道式升鱼机
金沙江	向家坝	长江上游珍稀特有鱼类	无
金沙江	溪洛渡	长江上游珍稀特有鱼类	无
金沙江	白鹤滩	圆口铜鱼、长鳍吻鮈、长薄鳅和中华金沙鳅等长江上游特有鱼类	集运鱼系统
金沙江	乌东德	圆口铜鱼、长鳍吻鮈、长薄鳅和中华金沙鳅等长江上游特有鱼类	集运鱼系统
金沙江	龙开口水电站	细鳞裂腹鱼、鲇、宽鳍鱲、鲤、长鳍吻鮈、犁头鳅、中华金沙鳅、圆口铜鱼、红尾副鳅、四川裂腹鱼、前鳍高原鳅、长薄鳅、鲈鲤、细尾高原鳅等	人工捕捞过坝
乌江	彭水水电站	长薄鳅、岩原鲤、长鳍吻鮈、铜鱼、中华倒刺鲃、蛇鮈等	集运鱼系统
岷江(大渡河)	安谷水电站	瓦氏黄颡鱼、泉水鱼、切尾拟鲿、鲇、长鳍吻鮈、长薄鳅、大鳍鳠、黄颡鱼等	鱼道
嘉陵江	亭子口	中华倒刺鲃、岩原鲤、白甲鱼、四川白甲鱼、长吻鮠、细鳞鲴、瓣结鱼、华鲮、赤眼鳟等	升鱼机

过鱼季节主要是鱼类繁殖期,一般根据工程所在江段鱼类资源调查,获取主要过鱼对象的栖息类型、繁殖习性、洄游习性、生境特点等生态习性和生物学特征,分析过鱼对象主要繁殖期后确定。

4.4 部分鱼类游泳能力分析

本节收集整理了目前已有鱼类游泳能力测试的成果,结合主要过鱼对象的分析结果,分类统计不同鱼类的感应流速、临界泳速和突进速度等,见表4.4-1。

表4.4-1 部分鱼类游泳能力成果表

序号	鱼类种类	测试水温(℃)	体长(m)	感应流速(m/s)	相对感应流速(BL/s)	临界游速(m/s)	相对临界游速(BL/s)	突进速度(m/s)	相对突进速度(BL/s)
1	长薄鳅	23	0.23			0.60	2.60		
2	中华沙鳅	23	0.14			0.60	4.30		
3	中华倒刺鲃	26	0.32			1.40	4.40		
4	岩原鲤	26	0.21			1.36	6.50		
5	圆口铜鱼	25	0.14			1.15	8.20		
6	中华鲟	24	0.82			1.02	1.20		
7	长鳍吻鮈		0.149	0.16±0.05		0.94±0.14			
8	圆筒吻鮈		0.197	0.18±0.04		0.92±0.09			
9	红唇薄鳅		0.101	0.21±0.03		0.87±0.14			
10	中华金沙鳅					1.5			
11	异鳔鳅鮀		0.082	0.15±0.04		0.77±0.05			
12	白甲鱼		0.171	0.12±0.06		1.19±0.17			
13	胭脂鱼		0.18	0.12±0.03		0.85±0.09			

续表

序号	鱼类种类	测试水温（℃）	体长（m）	感应流速（m/s）	相对感应流速（BL/s）	临界游速（m/s）	相对临界游速（BL/s）	突进速度（m/s）	相对突进速度（BL/s）
14	翘嘴鲌	18.9~22.1	0.10~0.33	0.086	0.474	0.62~1.21	3.31~7.94	0.81~1.41	3.97~9.88
15	鲢	21.3~22	0.07~0.32	0.06~0.2	0.39~0.86	0.52~1.29	3.32~7.40	0.62~1.30	3.77~4.43
16	鳙	19.2~20.1	0.15~0.22	0.05~0.11	0.31~0.51	0.60~1.00	3.82~5.46	0.98~1.22	5.52~6.32
17	青鱼	18.1~21.0	0.12~0.41	0.06~0.13	0.32~0.50	0.85~1.04	2.45~7.08	1.03~1.41	3.41~8.94
18	草鱼	22.0~25.0	0.09~0.32	0.06~0.13	0.40~0.86	0.80~1.20	3.31~8.51	0.86~1.35	4.35~8.56
19	鳊	22.0~23.0	0.10~0.31	0.07~0.14	0.41~0.72	0.78~1.14	3.40~7.96	0.89~1.14	3.73~9.39
20	鲤		0.24±0.06	0.036±2.43	0.147±0.097				
21	鲫		0.14±0.047	0.024±2.00	0.182±0.166				
22	蒙古鲌		0.24±3.10	0.135~3.930	0.08±0.054				
23	马口鱼	21.4	0.089~0.160			0.61~1.20	6.57~12.65	0.65~1.55	5.31~17.95
24	瓦氏黄颡鱼幼鱼	25	0.055~0.060			0.47			

续表

序号	鱼类种类	测试水温（℃）	体长（m）	感应流速（m/s）	相对感应流速（BL/s）	临界游速（m/s）	相对临界游速（BL/s）	突进速度（m/s）	相对突进速度（BL/s）
25	南方鲇	25	0.132			0.40			
26	黄颡鱼	20	0.21~0.23			1.61		1.83	
27	澜沧裂腹鱼			0.115±0.021		0.90±0.12		1.077±0.184	
28	光唇裂腹鱼			0.167±0.037		0.898±0.159		1.481±0.160	
29	后背鲈鲤			0.112±0.019		0.665±0.1		0.956±0.120	
30	花斑裸鲤		0.25~0.35	0.20		0.80		1.10	
31	厚唇裂腹鱼	12.3~15.6	0.19±0.044	0.25±0.04	1.41±0.28	1.18±0.12	6.04±1.21	2.10±0.40	11.41±2.79
32	异齿裂腹鱼	4.7~5.4	0.26~0.41	0.10	0.32	0.98	3.16	1.27	4.02
33	巨须裂腹鱼	6.0~6.7	0.12~0.33	0.08	0.33	0.96	4.21	1.21	5.28
34	拉萨裂腹鱼	4.2~5.1	0.18~0.44	0.12	0.38	0.95	3.12	1.17	4.02
35	尖裸鲤	4.5~5.3	0.20~0.31	0.06	0.25	0.73	2.94	1.35	5.67
36	双须叶须鱼	5.8~6.5	0.19~0.34	0.07	0.30	0.80	3.34	1.14	4.54
37	拉萨裸裂尻鱼	6.5~7.5	0.16~0.29	0.07	0.30	0.74	3.35	1.22	5.62

4.5 部分鱼类生态习性

鱼类生态习性与游泳能力密切相关,一定程度上决定了鱼类游泳速度。部分测试游泳能力的鱼类生态习性如下。

长薄鳅:鳅科,长江上游特有鱼类。一种凶猛性的底层鱼类,喜栖于江河中上游江段江边水流较缓处的石砾缝间,常集群在水底砂砾间或岩石缝隙中活动。江河涨水时有溯水上游的习性。主要的食物是小鱼,尤其是底层小型鱼类,食物中常见的有平鳍鳅、沙鳅,是鳅科中最大的一种,一般个体重1~1.5kg,最大可达2.5~3kg。在长江上游产量很大,是当地的经济鱼类之一。繁殖期为3—5月,卵为黏性,黏附在石上孵化。(图4.5-1)

图4.5-1　长薄鳅

中华沙鳅:鳅科,小型鱼类。栖居于砂石底河段的缓水区常在底层活动。分布于长江中、上游。吻长而尖。须3对。颐下具1对钮状突起。眼下刺分叉,末端超过眼后缘。颊部无鳞。腹鳍末端不达肛门。肛门靠近臀鳍起点。尾柄较低。(图4.5-2)

图4.5-2　中华沙鳅

中华倒刺鲃:鲤科,长江上游特有鱼类。一般栖息于底质多石的流水中,冬季在深坑岩穴中越冬,夏季进入支流或上游。杂食,以摄食着生的藻类和高等植物碎片为主。4—6月在水流湍急的江河底部产卵。个体较大,是一种重要的经济鱼类。(图4.5-3)

图 4.5-3　中华倒刺鲃

岩原鲤:鲤科,长江上游特有鱼类。在流动的深水中生活,常在岩石缝隙间巡游觅食。冬天潜入岩穴或深坑。2 月始向产卵场游动,2—4 月在水质清澄、底质为砾石的急滩处分批产卵,卵黏附在石块上。以底栖动物和水生植物为食。生长缓慢。(图 4.5-4)

图 4.5-4　岩原鲤

圆口铜鱼:鲤科,鮈亚科,长江上游特有鱼类。下层鱼类,栖息于水流湍急的江河,常在多岩礁的深潭中活动。产卵期从 4 月下旬到 7 月上旬。产漂流性卵。杂食,食软体动物、水生昆虫以及植物碎片等,是长江上游重要的经济鱼类。(图 4.5-5)

图 4.5-5　圆口铜鱼

中华鲟:鲟科,为洄游性鱼类,栖息于大江河及近海底层。为生长迅速的大型鱼类,四川渔民有"千斤腊子,万斤象"的谚语,腊子即指中华鲟。秋季上溯至江河上游水流湍急、底为砾石的江段繁殖,产卵期在 10 月上旬至 11 月上旬,卵为黏性。一般成熟雄鱼重 40kg 以上,雌鱼重 120kg 以上。亲鲟在生殖期间基本停食,幼鲟主

食各类底栖动物,成鱼食昆虫幼虫、硅藻及腐殖质。葛洲坝截流后,目前唯一已知产卵场位于宜昌葛洲坝坝下。(图4.5-6)

图4.5-6　中华鲟

长鳍吻鉤:鲤科,鉤亚科,长江上游特有鱼类。春、夏季活动范围广泛,常在急流险滩,峡谷深沱、支流出口觅食活动。秋冬季节,因水温降低,逐渐游向峡谷深沱越冬。产卵期为3月下旬至4月下旬,产卵水温17～19.2℃。生殖群体集群在浅水滩处产卵,产卵场底质为沙、卵石。在江河的底层生活,主食水生昆虫。个体不大,数量较少。(图4.5-7)

图4.5-7　长鳍吻鉤

圆筒吻鉤:鲤科,鉤亚科,长江上游特有鱼类,体长,头长于体高,吻突出,口呈深弧形。眼稍小,须1对,栖息于江河的底层,主食底栖无脊椎动物。个体不大,分布于长江水系。(图4.5-8)

图4.5-8　圆筒吻鉤

红唇薄鳅:鳅科,栖息在江河底层,个体不大,为长江上游干、支流的常见鱼类。(图4.5-9)

图 4.5-9　红唇薄鳅

中华金沙鳅:爬鳅科,广泛分布于金沙江中、下游及长江上游的干、支流,为典型激流型鱼类,游泳能力强,多生活于大江激流中。(图 4.5-10)

图 4.5-10　中华金沙鳅

异鳔鳅鮀:小型底层鱼类。生活于江河的流水环境中,上食无脊椎动物。分布于长江上游。体前部圆筒形,尾部侧扁。头宽大,眼极小,眼径小于鼻孔径。须 4 对。(图 4.5-11)

图 4.5-11　异鳔鳅鮀

白甲鱼:鲤科,长江上游特有鱼类。栖息于水流较急、底质多砾石的江段,冬季在岩穴深处或深坑中越冬。常以下颌刮取藻类为食。雌鱼体重约 0.5kg 开始性成熟。3—5月在多砂石的急流滩上产卵。生长较快,3年鱼体重1kg以上。个体较大,最大能长至3.5kg,为地区性经济鱼类。(图4.5-12)

图4.5-12 白甲鱼

胭脂鱼:胭脂鱼科,长江上、中、下游皆有,但以上游数量为多;中、下游及其附属大型湖泊也有,但数量很少;常栖息于江河的中下层。幼鱼行动缓慢,成鱼则行动矫健。当每年2月中旬(雨水节前后),性腺接近成熟的成鱼均要上溯到长江上游的金沙江、岷江、嘉陵江等急流中繁殖,等到秋季退水时期又回到长江干流越冬。胭脂鱼一般6龄可达性成熟,体重10kg左右的雌鱼怀卵量为15万粒。生殖季节为3—4月,据调查访问,其产卵场主要分布于长江上游,特别是岷江和嘉陵江。(图4.5-13)

图4.5-13 胭脂鱼

翘嘴鲌:鲤科,鲌亚科。生活在敞水区的中上层,行动迅速,善跳跃,性凶猛,捕食其他鱼类,体重0.5kg的个体能吞食13cm左右的鲢、鳙鱼种。6—7月产卵,产卵场多在近岸水区,卵黏附在水生植物的茎、叶上。生长迅速,体形较大,大者重10~15kg,天然水体渔获物中占比重较大,分布于全国各主要水系。(图4.5-14)

图 4.5-14　翘嘴鲌

鲢:鲤科,我国著名的四大家鱼之一,别名白鲢、鲢子等。适宜于湖泊、水库放养,天然产量也很高。活动于水的中、上层,性活泼,遇惊后即跳跃出水。4月下旬水温达18℃以上时,江水上涨或流速加剧时间开始产卵,产卵期持续到7月上旬。主要特点是体形侧扁、稍高,大体呈现为纺锤形,背部青灰色,两侧及腹部白色,其鳞片比较细,而且相对较小。通常广泛分布于在全国各大水系。鲢鱼性情比较急躁,相对善于跳跃。(图4.5-15)

图 4.5-15　鲢

鳙:鲤科,我国著名四大家鱼之一,俗称花鲢、胖头鱼。活动于水的中上层,性较温和,行动迟缓,以浮游动物为食。在长江4年达性成熟。4—7月,当水温在18℃以上、江中涨水时产卵,卵漂流性。生长迅速,个体大,最大达35~40kg。天然产量较高,为重要经济鱼类,是我国优良的养殖鱼类。分布于全国各主要水系。(图4.5-16)

图 4.5-16　鳙

青鱼:鲤科,我国著名四大家鱼之一。分布在长江,分布广,干流上至金沙江、下至河口都产此鱼;上游四川盆地如岷江、沱江、涪江及中游洞庭湖和鄱阳湖水系均有。生性喜在中下层活动,一般不游到水面。4—10月摄食季节常集中在江河湾道、沿江湖泊及附属水体中肥育。冬季在河床深水处越冬。在江河中产卵。繁殖季节在5—7月,较草、鲢鱼稍晚。产卵场干流从重庆至黄石道仕袂均有分布,产卵所要求的水文条件(江水上涨和流速加大)不如其他家鱼严格,一般稍有涨水即能刺激产卵。相比于其他三种家鱼,青鱼具有产卵活动较零星而分散、繁殖季节较迟、延续时间较长等特点。卵受精活动一般不在水面而在水的下层进行。(图4.5-17)

图4.5-17 青鱼

草鱼:鲤科,我国著名四大家鱼之一。分布于长江中、下游江河湖泊,上游江段金沙江及其支流嘉陵江和岷江亦有记载。栖息于江河湖泊中,平时在水的中下层,觅食时也时而在上层活动。性活泼,游泳快。通常在被水淹没的浅滩草地和泛水区域以及干支流附属水体(湖泊、小河、港道等水草丛生地带)摄食肥育。冬季则在干流或湖泊的深水处越冬。生殖季节成熟亲鱼有溯游习性,在适当江段产卵。(图4.5-18)

图4.5-18 草鱼

鳊:鲤科,鲌亚科。分布极为广泛,长江干、支流及其附属湖泊皆产此鱼,在中、下游湖泊中数量尤其多。一般栖息在水体的中下层,生殖季节成熟亲鱼必须到有一定流水的场所进行产卵活动。冬季群集在江河和湖泊的深水处越冬。在2龄达性成熟。性成熟雌鱼最小个体体长为20.5cm,体重为0.18kg,雄鱼体长为19.7cm,

体重为0.13kg。生殖季节持续较长,在长江从4月下旬起一直延续到8月中旬,比较集中的是在6—7月。(图4.5-19)

图4.5-19　鳊

鲤:鲤亚科,是我国淡水鱼类中广布性鱼类之一,在长江从河口直到上游金沙江整个干流、支流、湖泊均有分布。鲤鱼是底栖性鱼类,一般喜在水体下层活动,春季生殖后即大量摄食肥育,冬季游动较迟缓,在江中往往进入深水处,而在湖泊中则常游入水草丛生的水城或深水渤槽中越冬。在中下游地区和湖泊,生殖季节是4—6月,当水温接近18℃均可产卵。(图4.5-20)

图4.5-20　鲤

鲫:鲤亚科,为广布、广适性鱼类,分布于亚寒带至亚热带,能适应各种恶劣环境。杂食性,食浮游生物、底栖动物及水草等。繁殖力强,成熟早。3—7月,在浅水湖汊或河湾的水草丛生地带繁分批产卵,卵黏附于水草或其他物体上。为中小型鱼类。(图4.5-21)

图4.5-21　鲫

蒙古鲌:中上层鱼类,生活于水流缓慢的河湾、湖泊。性凶猛,捕食小鱼和虾,

5—7月在流水中产卵。卵黏附在石块或其他物体上。中型鱼类,最大达3kg,常见者为0.25~0.75kg。天然产量较大,在渔业上有一定地位。分布于全国各主要水系。(图4.5-22)

图4.5-22 蒙古鲌

马口鱼:鲤科,栖息于山涧溪流,尤以水流较急的浅滩和砂砾底质的小溪为多见,生殖期在3—6月,是一种小型凶猛鱼类,以小鱼和水生昆虫为食。(图4.5-23)

图4.5-23 马口鱼

黄颡鱼:鲇形目,鲿科。在静水或缓流的浅滩生活。白天潜伏于水底层,夜间活动。杂食,主食底栖无脊椎动物。成熟雄鱼肛门后面有生殖突。4—5月产卵。亲鱼有掘坑筑巢和保护后代的习性。分布较广,产量大,肉嫩,少刺,多脂肪,是普通食用鱼类。分布于全国各主要水系。(图4.5-24)

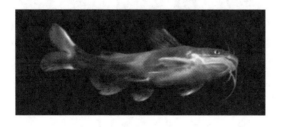

图4.5-24 黄颡鱼

南方鲇:鲇科,俗称连巴郎、河鲇、大河鲇。它是分布于我国长江及珠江水系的大型肉食性鱼类,多栖息于江河缓流区。性凶猛,白天隐居水底或潜伏于洞穴内,夜晚猎食鱼、虾及其他水生动物。雌鱼体长达700mm左右时达性成熟。4—6月,在

江河砂石底质的激流浅滩处产卵。卵沉性。(图4.5-25)

图4.5-25 南方鲇

澜沧裂腹鱼:鲤科,裂腹鱼亚科。属中下层鱼类,主食丝状藻和植物碎屑,繁殖期为3—5月,卵为黏沉性,产于砾石河滩上,分布于澜沧江中上游。属澜沧江特有鱼类,有较高的经济价值。(图4.5-26)

图4.5-26 澜沧裂腹鱼

光唇裂腹鱼:鲤科,裂腹鱼亚科。多生活在干流中,底栖习性,以锐利的下颌刮食岩石上固着藻类;繁殖时间在3—7月,在干流或支流产卵。分布于澜沧江中上游,属澜沧江中上游最常见经济鱼类。(图4.5-27)

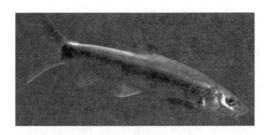

图4.5-27 光唇裂腹鱼

后背鲈鲤:鲤科,鲃亚科鲈鲤属,俗称花鱼,是澜沧江、怒江特有鱼类,为冷水性野生经济鱼类。常见个体3～5kg,最大个体可达20kg。食性为肉食性,以小鱼、小虾为食,主要栖息于澜沧江、怒江水系干流的中上层水域。(图4.5-28)

图 4.5-28 后背鲈鲤

异齿裂腹鱼：鲤科，裂腹鱼亚科，裂腹鱼属，别名欧氏弓色、横口四列齿鱼、量裂腹鱼、异齿弓鱼。分布于雅鲁藏布江上、中游的干支流及附属水体，营底栖生活，多在干支流水质清澈、砾石底质的河道处活动，为产区主要经济鱼类之一。（图4.5-29）

图 4.5-29 异齿裂腹鱼

拉萨裂腹鱼：鲤科，裂腹鱼亚科，裂腹鱼属，俗称尖嘴鱼，是西藏高原重要的土著经济鱼类之一，属于冷水性鱼类，主要分布在雅鲁藏布江中上游干、支流及其附属水体，为我国特有种。自然界中拉萨裂腹鱼雌鱼多于雄鱼，属于同步分批产卵类型，每年产卵1次，主要集中在3—4月，繁殖期较短，一般怀卵量平均为1.9万颗。（图4.5-30）

图 4.5-30 拉萨裂腹鱼

尖裸鲤：鲤科、裂腹鱼亚科、尖裸鲤属，别名斯氏裸鲤，俗称白鱼。尖裸鲤为雅鲁藏布江流域特有的单型属种，体形较大，主要分布在雅鲁布江中游江段及各大干支流。（图4.5-31）

图 4.5-31 尖裸鲤

双须叶须鱼：鲤科，裂腹鱼亚科，叶须鱼属，俗称双须重唇鱼，地方名花鱼，是高原底栖冷水性鱼类，仅分布在青藏高原雅鲁藏布江中游干支流中，常见于以砾石为底、水流较为平缓的清澈水域中，其食物主要由水生昆虫和底柄无脊椎动物组成，藻类和有机碎屑也占一定比重，繁殖季节在每年的1—3月。(图 4.5-32)

图 4.5-32 双须叶须鱼

拉萨裸裂尻鱼：鲤科，裂腹鱼亚科，裸裂尻属，主要分布于雅鲁藏布江中下游区雅鲁藏布江大拐弯处以上的干支流及羊八井温泉出水小河中，种群数量可观，个体较大，体重一般在300~500g，是西藏主要的经济鱼类。(图 4.5-33)

图 4.5-33 拉萨裸裂尻鱼

4.6 小　　结

本章综述了国内外鱼类游泳能力研究进展，同时对测试鱼类游泳能力的装置进行了分析评价，确定了长江流域的鱼类及分布，对主要过鱼对象的生态习性、洄游规律、游泳能力等鱼类行为学指标进展了总结归纳。

结果表明，鱼类游泳能力是鱼道设计指标的重要参考，对于感应流速来讲，主要是鱼类能够感应水流,吸引鱼类进入鱼道的重要指标。对于不同的鱼类,感应流速差异不大,多为 0.1~0.3m/s。

不同种类的临界游泳速度和突进速度差别较大,即使是同一种类也存在差别。鱼类进入鱼道后,流速分布、流态和紊动能等水力学指标能否满足鱼类游泳能力,是鱼类能否通过顺利鱼道的关键影响因素。

5 仿生态鱼道局部池室三维数值模拟

5.1 模拟思路及研究方法

考虑鱼道布置空间有限,首先考虑将仿生态鱼道的与传统鱼道相结合,发挥上述两种鱼道各自的优点。根据第2.4节鱼道调研成果,由于国内鱼道大多采用竖缝式鱼道,本节初步选择目前主要的鱼道型式如竖缝式鱼道进行仿生态优化,对比模拟分析两者在水力学参数上的差异,同时对鱼道体形结构和水力学指标不断细化,选择池室结构更为复杂的窄深型多目标鱼道,通过三维k-ε紊流数学模型对局部池室流态、流速分布及紊动能等水力参数进行模拟分析,进一步探讨鱼道池室结构和布置形式的优化。

计算流体力学(CFD)是研究流体流动问题的重要手段之一,CFD立足于流体运动的基本方程,采用数值分析的方法模拟流场中若干离散点的物理量,具有灵活性、实用性强和应用面广等优点,能弥补物理模型测试手段的不足,能够得到详细的流场水力特性,如流速及流态分布等,为鱼道的工程设计提供依据。因此,本节采用CFD方法对仿生态鱼道局部水动力特性开展三维数值模拟研究。

完整的N-S方程是从数学方面来描述水流运动的基本方程,该方程要能够从本质上控制水流的运动过程,本次数值模拟主要采用三维k-ε紊流数学模型,控制方程包括时均的连续性方程和动量方程,各方程表达式的具体形式如下:

(1)连续性方程

$$\frac{\partial U_i}{\partial x_i} = 0 \tag{5.1}$$

(2)动量方程

$$\frac{DU_i}{D_t} = -\frac{1}{\rho}\frac{\partial p}{\partial x_j} + [\upsilon(\frac{\partial U_i}{\partial x_j} + \frac{\partial U_i}{\partial x_j}) - \overline{u_i u_j}] \tag{5.2}$$

以上方程中U_i为速度时均分量,x_j为坐标轴方向,t为时间,p为压力,ρ为水的密度,υ为水的运动黏性系数,$\overline{u_i u_j}$为雷诺应力。

（3）湍流方程

目前使用最广泛和最基本的紊流模型是标准$k\text{-}\varepsilon$模型,但是标准$k\text{-}\varepsilon$模型用于时均应变率特别大的情形时,容易产生负的正应力。因此,基于精度的要求、计算机的能力以及时间的限制,本文选用RNG$k\text{-}\varepsilon$应湍流方程求解附加运输方程,方程式为

$$\frac{\partial}{\partial t}(\rho k)+\frac{\partial}{\partial x_i}(\rho k u_i)=\frac{\partial}{\partial x_i}\left[\left(\mu+\frac{\mu_t}{\sigma_k}\right)\right]+G_k+G_b-\rho\varepsilon \tag{5.3}$$

$$\frac{\partial}{\partial t}(\rho\varepsilon)+\frac{\partial}{\partial x_i}(\rho\varepsilon u_i)=\frac{\partial}{\partial x_j}\left[\left(\mu+\frac{\mu_t}{\sigma_\varepsilon}\right)\frac{\partial\varepsilon}{\partial x_j}\right]+C_{1\varepsilon}\frac{\varepsilon}{\kappa}(G_k+C_{3\varepsilon}G_b)-C_{2\varepsilon}\rho\frac{\varepsilon^2}{k} \tag{5.4}$$

其中,k为湍流动能,ε为湍流扩散率,μ为流体黏滞系数,G_k由层流速度梯度而产生的湍流动能,G_b由浮力产生的湍流动能,δ_k、δ_ε、$C_{1\varepsilon}$、$C_{2\varepsilon}$、$C_{3\varepsilon}$为湍流模型中的常数。

5.2 竖缝式仿生态鱼道关键水力学参数对比模拟分析

5.2.1 计算体形和工况

建立竖缝式矩形池室与梯形池室相结合的鱼道局部结构,通过竖缝式鱼道和仿生态鱼道水力特性的模拟,对比分析两者之间的差异。

竖缝式矩形鱼道"U"形槽身断面净宽3m,单级过鱼池长3.6m,隔板厚0.2m,竖缝宽度0.4m,竖缝法线与鱼道中心线的夹角45°。内设同侧导竖式隔板。长隔板长1.9m,池室侧带0.4m宽度的竖向导板,短隔板长0.7m,头部为90°的尖角。仿生态鱼道池室结构将横断面改为倒梯形,底宽3m,单个过鱼池长7.2m,底坡1:120,两侧边坡1:2.5,隔墩采用生态石笼,隔墩厚50cm,头部尖角角度120°,竖缝宽度0.4m,在河槽表面铺设干砌块石模拟自然河床。(图5.2-1)

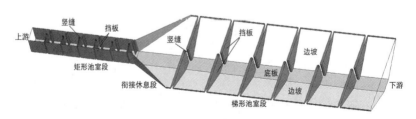

图5.2-1　竖缝式仿生态鱼道池室布置示意图

模型上、下游侧均设定相同的水位边界,模拟鱼道池室均匀流条件。为了研究流量对池室水力特性的影响,分别计算了池室平均水深 2.5m、1.5m、0.5m 三组工况,流量基本与水位呈正相关关系,矩形及梯形池室的水流结构、流速及紊动能基本一致。水位 2.5m 时对应的流量 0.83m³/s,重点对 2.5m 工况的池室水动力学特性进行对比分析。

5.2.2 局部池室流态对比分析

矩形鱼道池室主流以 45°角从竖缝射向下一级池室的中间,到达池室中间靠右断面部位时水流又逐渐流向下一级竖缝,池室内主流呈"S"形。水池内形成两个回流区。梯形鱼道池室主流以 30°角从竖缝射向下一级池室的中间,到达池室中间靠右断面部位时水流又逐渐流向下一级竖缝,池室内主流呈"W"形。水池内形成两个回流区,分别位于主流两侧,回流区 2 的面积较回流区 1 略大。竖缝式矩形鱼道和梯形鱼道池室流态对比见图 5.2-2。

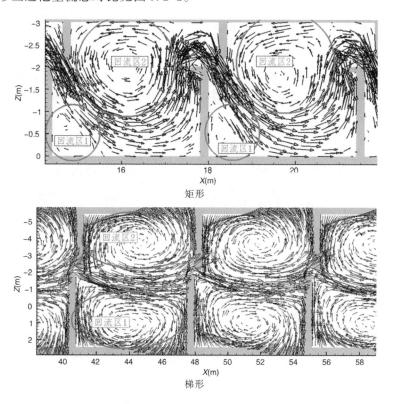

图 5.2-2　竖缝式矩形和梯形池室水流流态对比(水深 1.25m)

5.2.3 局部池室流速对比分析

矩形池室竖缝处主流流速最大且沿竖缝断面分布不均匀,短隔板侧流速明显大于长隔板侧,最大流速值1.05m/s。主流在通过竖缝后向右侧运动,主流范围有所扩大,主流区的范围为0.4~0.7m/s,两侧回流区内的流速在0.3m/s以内,可为鱼类提供短暂的休息。池室流速沿纵向分布基本均匀,表明池室水流沿纵向具有典型的二元特性。

梯形池室竖缝处主流流速最大且沿竖缝断面分布均匀,较矩形池室优,最大流速值1.03m/s。主流在通过竖缝后向右侧运动,主流范围有所扩大,主流区的范围为0.4~0.6m/s,两侧回流区内的流速在0.3m/s以内,可为鱼类提供短暂的休息。池室竖缝处流速沿纵向分布不均匀,受纵向池室宽度变化影响,流速从底部到表层逐渐减小,池室内部流速沿纵向均匀分布。

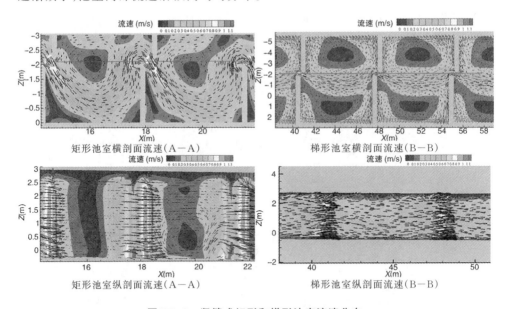

图5.2-3 竖缝式矩形和梯形池室流速分布

5.2.4 局部池室紊动能对比分析

湍流特征,包括湍流水平、强度、应变和长度尺度,对鱼类能否通过鱼道至关重要。矩形池室的最大紊动能位于竖缝处,最大值0.14m²/s²,竖缝水流通过收缩断面后紊动能逐渐减小,紊动区域扩大,主流紊动能为0.02~0.1,两侧回流区紊动能均在0.02m²/s²以内。紊动能沿水深方向分布较为均匀。

梯形池室最大紊动能位于竖缝处,最大值0.1m²/s²,竖缝水流通过收缩断面后紊动能逐渐减小,紊动区域略有扩大,主流紊动能为0.02~0.08,两侧回流区紊动能均在0.01m²/s²以内。紊动能沿水深方向分布不均匀,紊动能从底部到表层逐渐增大。与矩形池室相比,主流和回流区紊动能均有所降低,但在水深方向上不均匀。(图5.2-4)

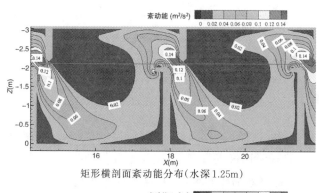

矩形横剖面紊动能分布(水深1.25m)

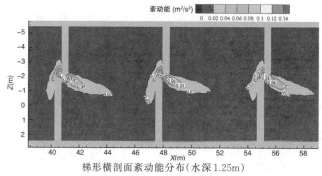

梯形横剖面紊动能分布(水深1.25m)

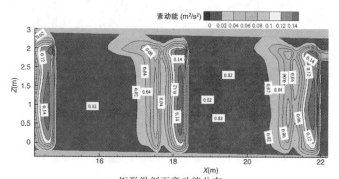

矩形纵剖面紊动能分布

图5.2-4 矩形和梯形池室紊动能分布

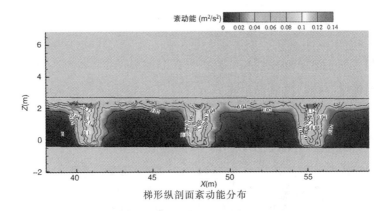

梯形纵剖面紊动能分布

续图5.2-4　矩形和梯形池室紊动能分布

5.2.5 模型验证

利用已有鱼道物理模型试验资料对数学模型进行验证,试验模型几何比尺为$L_r=10$,流速采用旋桨式流速仪进行测量,模型照片见图5.2-5。试验在竖缝代表池室内选取9个断面,每个断面6个测点,测点平面布置见图5.2-6。其中Ⅲ号断面与短隔板上游侧重合,每个断面间隔为0.5m,Ⅰ号和Ⅵ号测点距两侧边墙为2.5m,中间测点间距均为0.5m,池室共计布置52个测点。鱼道池室平均试验水深2.5m条件下,对比物理模型试验与数值模拟计算的流速分布发现,物理模型试验流速大小与数值模拟结果较为吻合,除个别点外,两者结果均较为接近。竖缝处平均流速试验值为1.05m/s,计算值为1.03m/s,两者差值较为合理。(图5.2-7)

图5.2-5　竖缝式鱼道模型试验

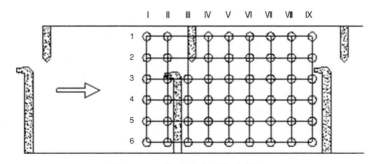

图5.2-6　模型试验测点布置图

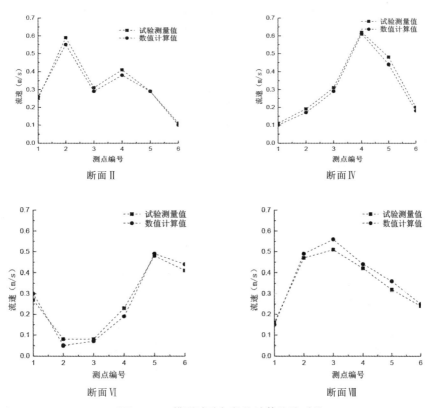

图5.2-7　模型试验与数值计算流速对比

5.2.6 模拟结果分析

主要结果如下：

（1）矩形池室及梯形池室鱼道均有面积较大的回流区，回流区的流速在0.3m/s以内，适合鱼道短暂休息，梯形池室回流区范围较梯形池室大。

（2）矩形池室竖缝处流速最大，沿孔口分布不均匀；梯形池室竖缝处流速沿水深向上逐渐减小，竖缝处最大流速较矩形池室小，沿孔口方向流速分布较均匀，最大流速和主流区流速均有所降低，有利于鱼类通过池室。

（3）矩形池室紊动能在竖缝处最大，沿孔口分布不均匀，沿池室水流方向存在一条强紊动带；梯形池室竖缝处紊动能沿水深向上逐渐增大，竖缝处最大紊动能较矩形池室小 $0.04m^2/s^2$，沿孔口方向流速分布较均匀，平面上紊动范围较矩形池室小。

竖缝式梯形鱼道池室作为一种仿生态鱼道型式，水力特性基本满足鱼类的洄游，且在流速分布、紊动能等水力学指标上较矩形鱼道优越，可为优化鱼道设计提供一定的参考。

5.3 窄深型多目标仿生态鱼道关键水力学参数模拟分析

5.3.1 计算体形和工况

窄深型多目标仿生态鱼道池室采用矩形断面，宽7m，高4.5m，纵向底坡1%，底边和两侧采用等腰梯形断面，梯形断面底宽为5m，顶宽6.4m，高3.5m，两侧边坡均为3.5:0.7。通过布置不同的池室结构构建仿生态鱼道型式，共设置4个体型方案。（表5.3-1）

表5.3-1　窄深型多目标仿生态鱼道池室设计方案

序号	方案名称	布置型式
方案1	底槽侧通道方案	间隔10m采用横向隔墩形成梯形收缩断面，底宽1.1m，顶宽3.6m，两侧边坡分别为3.5:1.5和3.5:1.0。隔墩两侧底层($h=0.15m$)、中层($h=1.5m$)和上层($h=2.7m$)水深位置和长隔墩底部靠收缩断面侧各布置1条旁通管道，长度分别为7.7m和4m，断面尺寸为30cm×30cm。渠底开挖蜿蜒曲折的沟槽，横断面为等腰梯形，底宽0.3m，顶宽0.8m，深0.5m
方案2	底部加密消能墩方案	间隔10m采用厚1m的隔墩横向堆砌形成矩形收缩断面，宽2.8m。等间距的收缩断面将渠段分隔成长10m的单元池室。在池室底部交错布置圆柱，其中收缩段圆柱直径为0.4m，高为0.75m，间距为0.15m，池室圆柱直径为0.6m，高为0.6~0.75m，间距为0.4m。池室中段设置高0.5m的坎

续表

序号	方案名称	布置型式
方案3	主流逐级分流柱方案	将方案2的横向隔墩厚度改为2m,收缩断面宽1.8m,设置3组不同直径的阻水墩柱,第一组位于水流方向中点附近,高度与水深相同;第二组位于第一组下游,高度为水深的1/3;第三组位于收缩断面,高度为水深的1/3
方案4	底部横向通道方案	沿鱼道水流方向依次布置高度逐渐降低的大、中、小三种横向隔墩,底部为以横向为主的往返通道,宽、高分别为0.8m、0.6m

各方案平面布置如图5.3-1所示。

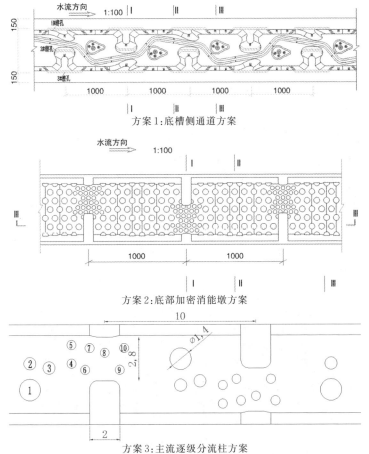

图 5.3-1　窄深型多目标仿生态鱼道不同池室平面布置方案

163

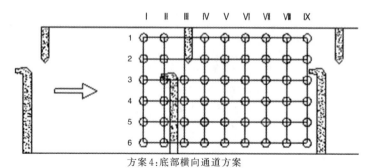

方案4:底部横向通道方案

续图 5.3-1　窄深型多目标仿生态鱼道不同池室平面布置方案

各方案建模时取7倍单元池室长度,含5个完整池室,上、下游各设置10m延长水平段,长度范围为70m;上、下游边界均取水位边界条件,取模型进口和出口水深为3m时对应的水位值。

5.3.2 不同方案流速模拟分析

流量方面,在池室平均水深为3m情况下,各方案流量差别不大,分别为$10.01m^3/s$、$9.85m^3/s$、$10 m^3/s$、$9.88m^3/s$。

(1)方案1:底槽侧通道方案

收缩断面平均流速为1.44m/s,最大流速达1.8m/s;池室平均流速为0.57m/s;各潜孔平均流速为0.50~0.79m/s。(图5.3-2)

池室内平剖面主流区经收缩断面后直冲水滴形中墩,被分为两股水流。主流偏向下游长隔墩,长隔墩和中墩下游形成大小不同的回流区;大流速区主要位于收缩断面两侧流速较大,中间偏低,最大流速约为1.8m/s。沟槽内流速在0.5~1.0m/s之间;横剖面上,收缩段中心断面上层两侧和底层沟槽均有低于1.5m/s的流速区,范围约占过水断面的1/3,最小流速为1.4m/s。

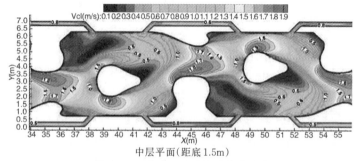

中层平面(距底1.5m)

图 5.3-2　方案1不同位置流速分布

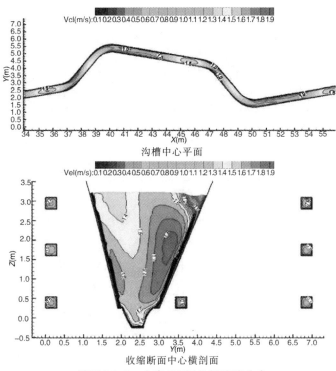

沟槽中心平面

收缩断面中心横剖面

续图5.3-2　方案1不同位置流速分布

（2）方案2:底部加密消能墩方案

池室内中上层平剖面主流呈弧线形状,长隔墩形成较大回流区;收缩断面流速大小沿横向在1~2m/s变化,大流速区位于长隔墩一侧,短隔墩流速相对较低。底层(距底0.375m)由于布置了较为密集的圆柱,水流阻力增大,圆柱缝隙间流速相比上层无圆柱区明显降低,同时由于池室中段加设坎,使得在收缩断面流速降低更为显著,基本为0.5~1m/s,个体较小、游泳能力较弱的鱼类可以通过鱼道池室。在收缩断面圆柱上层存在接近一半面积的1~1.5m/s的流速区,则游泳能力较弱的鱼类无法通过,仅有游泳能力强的鱼类能够通过。

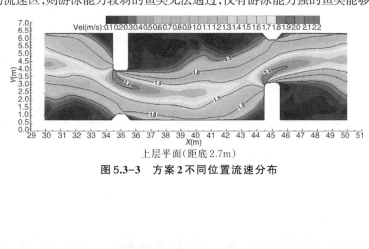

上层平面(距底2.7m)

图5.3-3　方案2不同位置流速分布

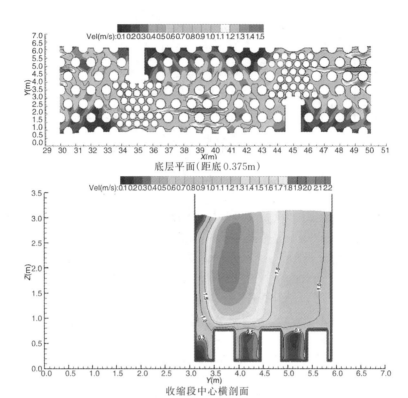

底层平面(距底0.375m)

收缩段中心横剖面

续图5.3-3　方案2不同位置流速分布

（3）方案3：主流逐级分流柱方案

经收缩段出来的主流在池室中部被1#和2#圆柱阻挡分流现象明显。大流速区位于收缩段内，收缩段内流速呈非对称分布，两侧靠近隔墩处流速较大，最大流速位于长隔墩迎流墩头附近，约为1.8m/s，收缩段上层和中层1/3断面宽度区域水流流速为1.4～1.5m/s，随着水深增加，低于1.5m/s的流速区范围增大；收缩段底层水流中存在10#-8#-7#-5#的0.5～1m/s低流速区，最小宽度约为0.3m。(图5.3-4)

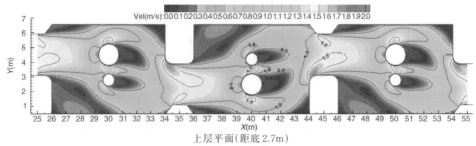

上层平面(距底2.7m)

图5.3-4　方案3不同位置流速分布

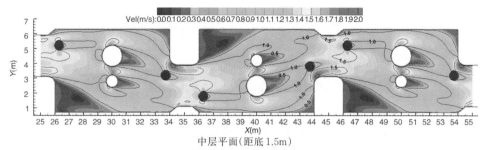

中层平面(距底1.5m)

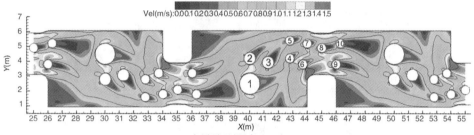

底层平面(距底0.3m)

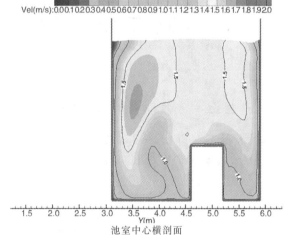

池室中心横剖面

续图5.3-4　方案3不同位置流速分布

（4）方案4:底部横向通道方案

在上层,大隔墩收缩段流速在1～1.9m/s之间,最大流速均在墩头附近,约为1.9m/s;1～1.5m/s流速范围占收缩断面宽度的一半,大隔墩迎水面和背水面均呈现低流速区;在中层,大隔墩至中隔墩之间的收缩段为横向连片的大流速区,流速大小为1.4～1.5m/s,池室中部主流在1m/s左右;在底层,大隔墩上下游两侧的通道流速最大,上游侧最大流速均接近0.5m/s,下游侧最大流速均接近0.7m/s,中隔墩附近两条底部通道流速较小,在0.1m/s以下。(图5.3-5)

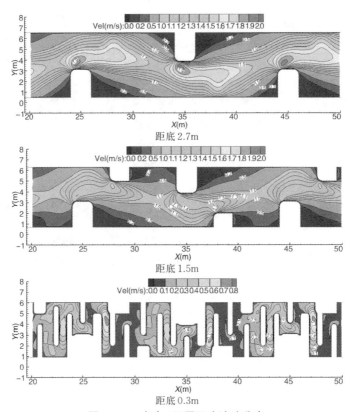

图 5.3-5　方案 4 不同深度流速分布

　　相邻池室中心水位差基本在 0.1m;在大隔墩迎水面水位有所壅高,相比池室中心壅高约 0.08m;大隔墩墩头附近水位明显跌落,相比池室中心跌落达 0.21m。(图 5.3-6)

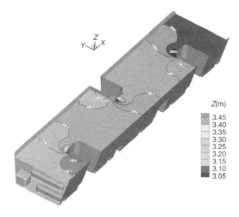

图 5.3-6　方案 4 水深分布

5.3.3 流速对比分析

方案1通过在侧壁和隔墩中设置管道,形成了0.5~0.8m/s低流速通道,满足小个体过鱼目标的低流速要求,但对于过鱼目标在洄游过程中由明渠水流变成有压管道水流,但管道中水压力、光线等环境改变等问题可能导致鱼类无法通过;在主渠段收缩断面上层两侧和底部沟槽等部位存在1/3面积的低于1.5m/s的流速区,但比较分散且大多都在1.4m/s以上,仅能让少数游泳能力较强的鱼类通过。

方案2通过在底部设置密集的圆柱,收缩断面圆柱间缝隙流速基本在0.5~1m/s之间,个体较小、克流能力较差的鱼类能够通过。在收缩断面圆柱上层存在接近一半面积的1~1.5m/s的流速区,个体较大的鱼类需要使用突进速度通过高流速区。由于底部圆柱密集,池室施工复杂,条件有限。

方案3针对收缩段以下的主流高流速区和底层区域采用圆柱逐级对主流进行阻隔分流,对池室水流进行消能分层,在断面上形成大小分区的流场,供游泳能力不同的鱼类通过。收缩段上层和中层1/3断面宽度区域为1.4~1.5m/s的低流速区,在收缩段底层水流中存在0.5~1m/s范围的流速区,宽度为0.3~0.5m。

方案4池室内顺水流方向依次布置高度逐渐降低的大、中、小三种横向隔墩,底部为以横向为主的往返通道。上层收缩段有一半宽度流速在1~1.5m/s范围,可供游泳能力较强的鱼类在上层通过。中层收缩段流速在1.4~1.5m/s之间,也可供游泳能力较强的鱼类在中层通过。底层通道最大流速在0.7m/s以下,可供游泳能力较弱的鱼类在底层通道通过。各层中均有一定范围低流速区可供鱼类休息。

综合比较上述4种仿自然过鱼通道池室体形结构方案,水流条件基本满足多目标鱼类的要求,但是耗水量大、结构复杂,方案4提供了更大的流速范围以供不同流速需求的鱼类通过。

5.4 模 型 验 证

通过已有仿生态鱼道局部物理模型的试验观测,对上述三维数学模型进行验证。局部物理模型模拟范围取7倍单元池室长度,含5个完整池室,上、下游各设置10m延长水平段,长度范围为70m,上游入流边界取流量边界,原型流量为10m³/s;下游边界均取水位边界条件,取出口水深为3m时对应的水位值。(图5.4-1)

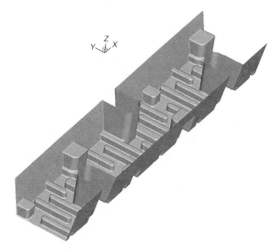

图 5.4-1　仿生态鱼道局部池室结构示意图

　　模型试验和数值模拟得出的各相邻池室水位差相同,均为 0.1m;流速分布上,模型试验和数值模拟的表层流速,两者大隔墩收缩段流速均在 1～1.9m/s 之间,最大流速均在墩头附近且大小比较接近,墩头下游池室内流速区和低流速区分布基本相似。在中层,在大隔墩至中隔墩之间的收缩段以及池室内,流速大小略有差异,但流速分布规律基本相似。在底层,两者均在大隔墩上、下游两侧的通道流速最大,上游侧最大流速均接近 0.5m/s,下游侧最大流速均接近 0.7m/s。总体而言,两者池室上层和底层最大流速值大小接近,仅中层有较小差异,各层流速分布规律基本相似。(图 5.4-2)

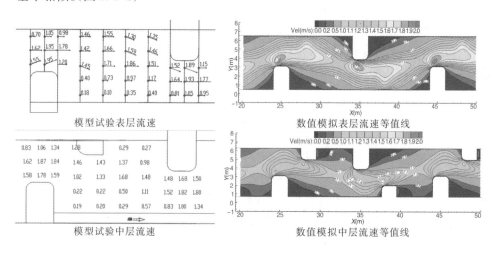

模型试验表层流速　　　　　　数值模拟表层流速等值线

模型试验中层流速　　　　　　数值模拟中层流速等值线

图 5.4-2　模型试验和数值模拟流速验证

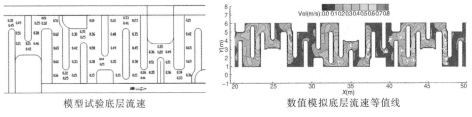

模型试验底层流速　　　　　　　数值模拟底层流速等值线

续图 5.4-2　模型试验和数值模拟流速验证

综上所述,所建三维紊流数学模型具有一定的可靠性和计算精度,能满足模拟计算分析需要。

5.5 两种仿生态鱼道类型的适应性分析

对两种仿生态鱼道局部池室的布置型式与水力学参数之间的关系进行分析,主要水力学指标对比见表 5.5-1。

表 5.5-1　两种仿生态鱼道主要指标对比

鱼道型式	结构型式	主要水力学指标	适应性
竖缝式仿生态鱼道	断面型式为梯形断面,梯形槽有隔板构件	鱼道流量:1m³/s左右; 流态:有主流区及回流区; 流速:主流区流速1m/s左右,回流区流速0.3m/s左右	鱼道池室流速有所降低,主流速区适宜单一鱼种通过
窄深型仿生态鱼道	断面型式为矩形断面,矩形槽下部1/3位置设置各种纵向及横向消能工程	鱼道流量:10m³/s左右; 流态:有主流区及回流区; 流速:主流区流速1.5m/s左右,回流区流速0.4m/s左右	池室表层适宜游泳能力较强的鱼类通过,底层适宜游泳能力较弱及小型的鱼类通过

主要结论如下:

(1)竖缝式仿生态鱼道

A. 矩形池室及梯形池室鱼道均有面积较大的回流区,回流区的流速在0.3m/s以内,适合鱼道短暂休息,梯形池室回流区范围较梯形池室大。

B. 矩形池室竖缝处流速最大,沿孔口分布不均匀;梯形池室竖缝处流速沿水深向上逐渐减小,竖缝处最大流速较矩形池室小,沿孔口方向流速分布较均匀。

C. 矩形池室竖缝处紊动能最大,沿孔口分布不均匀,沿池室水流方向存在一条强紊动带;梯形池室竖缝处紊动能沿水深向上逐渐增大,竖缝处最大紊动能较矩形池室小$0.04m^2/s^2$,沿孔口方向流速分布较均匀,平面上紊动范围较矩形池室小。

(2)窄深型多目标仿生态鱼道

通过对4种窄深型仿生态鱼道模拟分析计算,提出了一种满足不同目标鱼种上溯的过鱼通道,鱼道池室的主要水力指标满足鱼类通过需求,但是鱼道的耗水量大、池室结构复杂、施工及运行成本较高。

6 仿生态鱼道局部物理模型试验

本章针对三维数学模型模拟的两种仿生态鱼道,构建局部池室物理模型对池室内流态、流速等水力学参数的变化进行研究,为鱼道优化设计和数值模拟验证提供支撑。

6.1 竖缝式仿生态鱼道局部物理模型试验

6.1.1 物理模型构建

竖缝式仿生态鱼道物理模型包括主体结构下游水库、进鱼口、池室及出鱼口、上游水库等,模型比尺1:10,总长度约20m。模型模拟范围包括上下游水库、鱼道进鱼口、出鱼口、竖缝式矩形鱼道及仿生态段鱼道池室。(图6.1-1)

竖缝式鱼道池室   竖缝式仿生态鱼道池室

图6.1-1 竖缝式鱼道和仿生态鱼道池室模型

6.1.2 局部模型关键水动力特性分析

在鱼道出口水深2.5m、进口水深2.5m的试验条件下,通过鱼道的流量为0.85m³/s,池室内有较为明显的主流区和低流速旋涡区,流速沿水深方向呈二元特性,鱼道池室水深与鱼道流量基本呈正相关关系。

6.1.2.1 池室流态对比分析

水流通过竖缝隔板后,顺竖缝向右以 45°角进入下一级池室,由于惯性作用,水流进入池室后主流并未扩散,而是继续流向右侧。受下一级竖缝的影响,主流在到达池室中间靠右断面部位时又逐渐流向左侧竖缝,因此主流在池室内的形态主要呈"S"形。池室内两侧边墙附近水流为弱回流,顺流向左边边墙有较大的回流区,较宽隔板(右侧)上下游较小范围内流速较小或呈静水状态,各竖缝池室内水流流态基本相同。(图 6.1-2)

图 6.1-2 矩形池室段水流流态

仿生态鱼道段,顺竖缝向右以 60°角进入池室,由于惯性作用,水流进入池室后主流并未扩散,继续流向右侧。受下一级仿生态鱼道竖缝的影响,主流并未直接冲击右侧侧墙,主流在到达池室中间靠右断面部位时又逐渐流向左侧竖缝,因此水流主流在池室内的形态主要呈拉伸的"W"形。池室内两侧边墙及仿生态较宽隔板背部附近水流有较大的回流区,回流区流速较小或呈静水状态。(图 6.1-3)

图 6.1-3 鱼道仿生态段水流流态

6.1.2.2 池室流速对比分析

试验结果表明,矩形池室内表中底流速及流态差别不大,主流在通过竖缝后流速呈现先增大后减小的规律,最大流速出现在竖缝下游靠近竖缝的位置;主流流速为0.4~1.1m/s;主流与左侧墙之间出现一个大的回流区,回流区流速为0.1~0.3m/s。主流与较长隔板间部分区域流速较小,在0.2m/s以内。(图6.1-4)

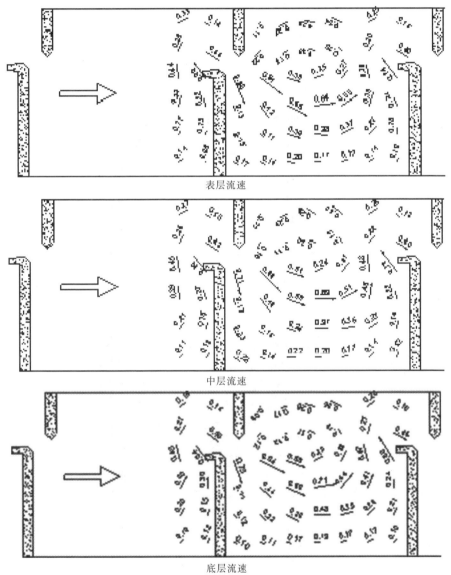

表层流速

中层流速

底层流速

图6.1-4 矩形池室流速矢量图

　　仿生态鱼道池室内表(0.8倍水深)、中(0.5倍水深)、底(0.2倍水深)流速差别不大,主流在通过竖缝后流速变化不大,最大流速区基本沿主流分布;主流流速为0.4~1m/s;主流与两侧边墙之间出现大的回流区,回流区流速为0.1~0.3m/s。主流与较长隔板间部分区域存在较小的回流区。(图6.1-5)

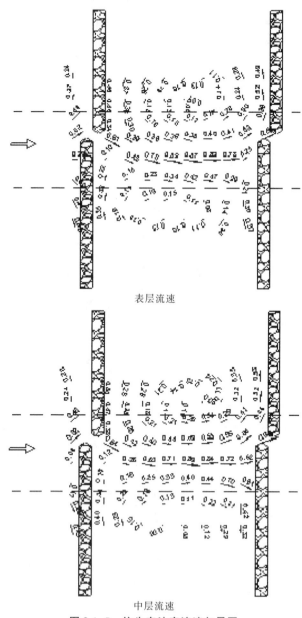

表层流速

中层流速

图6.1-5　仿生态池室流速矢量图

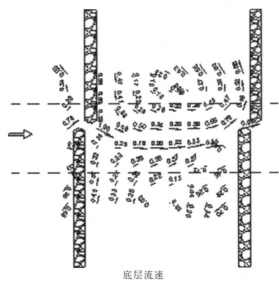

底层流速

续图6.1-5　仿生态池室流速矢量图

6.1.3 小结

竖缝式矩形鱼道池室及竖缝仿生态鱼道的水力学参数与第3.2节数学模拟结果基本相同或相近,鱼道池室内流态良好、流速分布合理,池室有明显的主流区及回流区。回流区流速较小,比较适合鱼类洄游上溯,能适应不同表层及底层的鱼类通过。

6.2 窄深型仿生态鱼道局部物理模型试验

6.2.1 物理模型构建

物理模型按照重力相似准则设计,几何比尺 $L_r=5$,故时间、流速、流量和糙率比尺分别为 $T_r=2.24$、$V_r=2.24$、$Q_r=55.9$ 和 $n_r=1.31$。

根据试验研究目的,模型模拟了过鱼通道进出口水库,仿生态鱼道设置8~9个池室,池宽7m,底坡1%,模型长度约28m。上游来流采用矩形量水堰控制流量,上游水库、下游水库及沿程布置17个水尺,测量沿程水位和流速变化。

局部物理模型典型渠段为宽7m、高5m的矩形断面,纵向底坡1%,底边和两侧矩形堆石形成等腰梯形断面,梯形断面底宽为5m,顶宽为6.4m,高为3.5m,两侧边坡均为3.5:0.7。在此结构布置的鱼道内进行各种典型段结构布置方案比较。

6.2.2 局部模型关键水动力特性分析

6.2.2.1 基本体形1水力特性分析

基本体形1采用横剖面为矩形的隔墩体型形,大小隔墩间隔交错,形成10m长池室。大隔墩沿横向宽度2.8m,小隔墩沿横向宽0.8m。(图6.2-1)

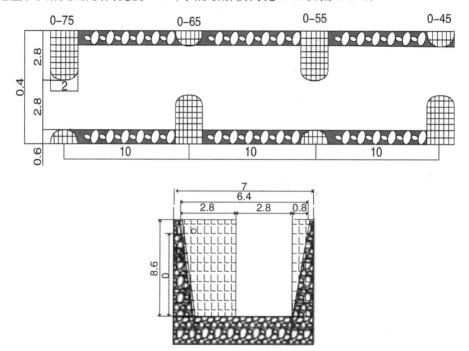

图6.2-1 局部池室平面及剖面图

(1) 表层流态

鱼道流量为10.0m³/s时,主流受隔墩的影响,特别是大隔墩的阻挡作用,在卡口处形成明显的收缩,流速较高,在大隔墩的上游面和下游面靠近边壁处形成低流速区。大隔墩的绕流作用使其侧面形成水面跌落,且流态紊乱。小隔墩由于体形较小,对水流的阻挡有限,但是其前部有弱回流形成。经过卡口后,主流逐渐向两侧扩散,受到下一个卡口的影响,逐渐偏向另外一侧。表层流态基本呈现为蜿蜒曲折的形态。(图6.2-2)

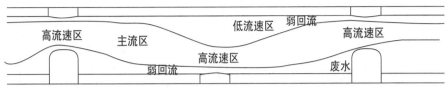

图 6.2-2　表层流态

（2）流速分布

为了进一步分析过鱼通道的流速分布情况,分别在卡口处、池室中部布置了测速断面,每个断面布置3个测点,分别测量表、中、底部流速。根据测点测量流速绘制表、中、底等值线分布,采用剖面为矩形的隔墩型式,表、中、底部流速分布规律较为接近,较梯形体隔墩而言,底部较为开阔,底部流速有所降低。

卡口处大隔墩侧流速较高,大隔墩前后有较低流速区域,表层和中部流速基本均在1.5m/s以下,局部点超过1.5m/s。底部流速较高,主流区没有低于0.5m/s的区域,因此需要对其底部结构进行局部的优化处理。（图6.2-3）

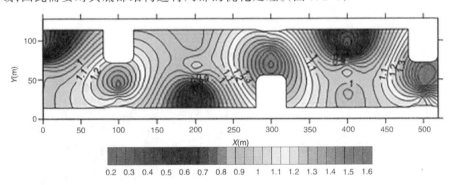

表层流速分布

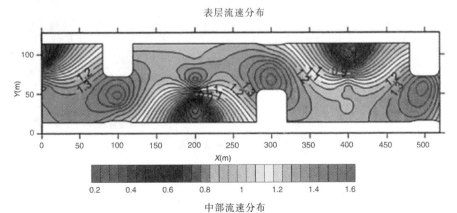

中部流速分布

图 6.2-3 不同深度流速分布

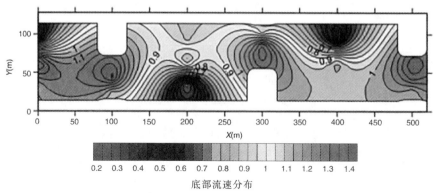

底部流速分布

续图6.2-3 不同深度流速分布

6.2.2.2 设计体形2水力特性分析

根据体形1的试验成果,表层和中部流速大都在1.5m/s以下,但底部流速较大。为了降低底部流速,营造更为适宜的流速范围,在隔墩之间的卡口部位底部设置消能柱,每个卡口布置三排直径为0.5m的圆柱体消能墩,高度分别为1.25m、1.00m和1.25m,沿横向交错布置。(图6.2-4)

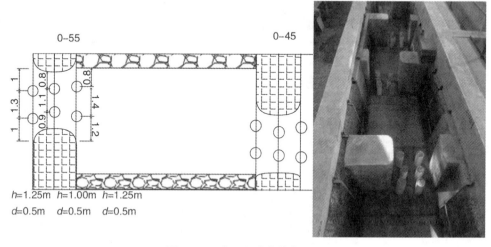

图6.2-4 卡口处消能墩布置图

(1)表层流态

底部增加消能墩后,表层流态与设计体形1相比变化不大。主流受隔墩的影响,特别是大隔墩的阻挡作用,在卡口处形成明显的收缩,流速较高,在大隔墩的上游面和下游面靠近边壁处形成低流速区。经过卡口后,主流逐渐向两侧扩散,受到下一个卡口的影响,逐渐偏向另外一侧。(图6.2-5)

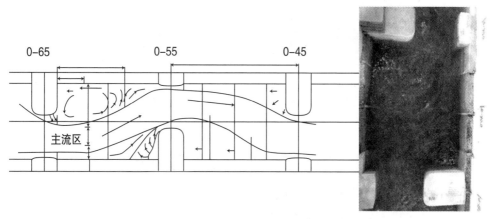

图6.2-5　表层流态示意图

（2）流速分布

底部卡口设置了消能柱的池室,表层流速与设计体形1相比变化不大,但中部流速有较为明显增加。主要是底部圆柱体的存在使得水流纵向产生收缩,导致柱顶部位流速增加。池室内底部流速降低,主要原因是卡口处增加了消能墩,使得在卡口处主流偏向上层,从而对池室内底层形成了一定的挑流作用,使底部流速有较为明显的降低,但是在接近卡口的上下游附近,因为主流上移,底部的实际过流面积减小,流速仍较高,高于0.8m/s。(图6.2-6)

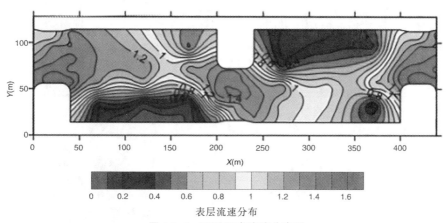

图6.2-6　不同深度流速分布图

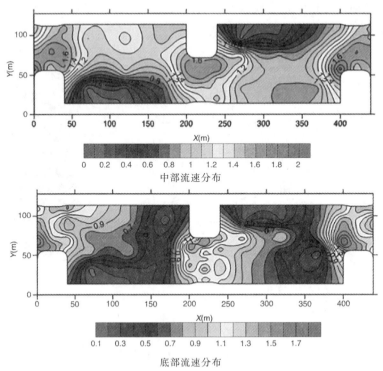

中部流速分布

底部流速分布

续图 6.2-6　不同深度流速分布图

6.2.2.3 设计体形 3 水力特性分析

在卡口处设置消能墩对减小池室底部流速有一定的作用,因此可以在池室内也增加消能墩,进一步降低卡口处底部流速。在每个池室内增加 4 排、每排 3 个直径 0.75m 的圆柱体消能墩,第 1 排和第 3 排高度为 1m,第 2 排和第 4 排高度为 0.75m,前后排沿横向交错布置。(图 6.2-7)

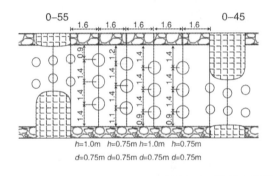

图 6.2-7　池室内消能墩平面布置

（1）表层流态

池室底部增加消能墩，表层流态与前述体形相比变化不大，对表层流态基本没有实质性的影响。

（2）流速分布

流速测量结果表明，流速最大值出现在中部，其次为表层，底部最小。表层流速分布与前述体形相比变化不大，但是主流出卡口后，向两侧扩散减弱，使得池室中部两侧表层流速较低，中间流速较高。表层流速最大值在1.6m/s左右。中部流速分布与设计体形2基本相同，卡口处最大流速接近2m/s，表现为大隔墩一侧流速高于小隔墩一侧，出卡口后，主流主要集中在前一个小隔墩的后部，之后受下一个大隔墩的影响，发生了偏转。通过对大于1.5m/s流速区域进行分析，中部仍形成流速小于1.5m/s的通道。

底部流速受池室增加消能墩的影响，池室内流速明显下降，卡口处仍表现为靠近大隔墩一侧较高，仅大隔墩后部存在流速低于0.5m/s以下区域，卡口整体流速在0.8m/s以上，无法形成低流速区供体型较小、游泳能力较弱的鱼类通过。（图6.2-8）

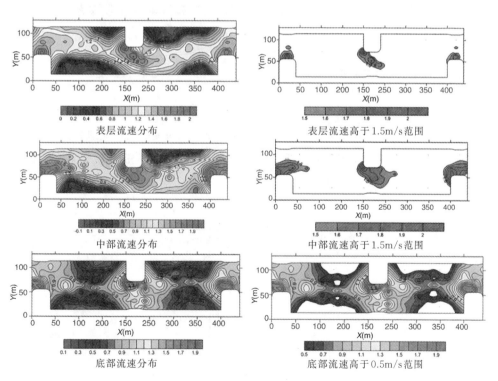

图6.2-8　不同深度流速分布

6.2.2.4 设计体形4水力特性分析

根据几种池室体形结构和布置,表、中部流速均超过1.5m/s,有部分联通区域流速低于1.5m/s且有足够的宽度,可以供游泳能力较强的鱼类通过。但是,底部流速整体较高,尤其是卡口处流速普遍在0.8m/s以上,对于体形小、游泳能力弱的鱼类可能形成流速障碍,无法顺利通过鱼道,因此进一步调整底部结构,降低底部流速,是窄深池室型式布置和优化的关键。

根据前述流速分布的特点,卡口处流速表现为大隔墩一侧要高于小隔墩一侧,小隔墩前后池室内均存在较大的低流速区域,仅在卡口处及附近该侧流速较大,如果能将该侧流速降低,可以使低流速区域连通。

由于主流达到卡口附近时偏向大隔墩侧,之后向小隔墩方向扩散,因此设计体形4将卡口处小隔墩取消,在主流扩散前设置导流隔板,宽度为0.25m,高度为1m,阻止其向小隔墩侧扩散,从而达到降低小隔墩侧底部流速的目的。(图6.2-9)

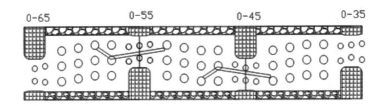

图6.2-9　设计体形4布置图

因该体形为局部调整,因此只分析导流隔板至小隔墩侧的底部流速分布。在增加隔板后,导流隔板对主流有一定的阻挡作用,小隔墩侧卡口以上区域流速有明显下降,但卡口以下经过隔板后主流仍会向下部扩散挤压,流速仍超过0.8m/s。(图6.2-10)

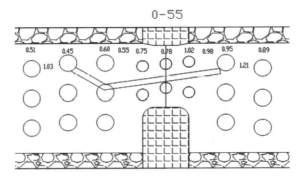

图6.2-10　部分测点流速分布

6.2.3 小结

　　流速分布上,基本体形1卡口处表、中部流速基本在1.5m/s以下,局部点超过1.5m/s。底部流速较高,主流区没有低于0.5m/s的区域。通过在卡口底部增加消能柱、池室内增加消能柱、卡口处设置导流隔板等一系列方式进行了优化。底部增加消能柱,使底部流速降低的同时,会使中部和表层流速增加。池室内增加消能柱,也很难使卡口处形成低流速通道,无法连通卡后前后的低流速区。卡口处取消小隔墩、设置导流隔板,可以较为有效地降低小隔墩卡口以上流速。

7 扎拉水电站仿生态鱼道优化设计

扎拉水电站位于玉曲河干流下游河段,是七级开发方案中的第六级,控制流域面积8546km²,多年平均流量110m³/s。坝址位于碧土乡扎郎村附近,距左贡县城约136km,距昌都约290km,距河口约83km,距上游碧土坝址约17km,与下游轰东相距约63km;厂址位于察隅县察瓦龙乡珠拉村,引水线路长约5.5km。水库正常蓄水位2815m,调节库容136万m³,总装机容量1024.5MW(含生态机组4.5MW)。

扎拉水电站枢纽工程采用混凝土重力坝,厂房为地面厂房,工程由挡水建筑物、泄水建筑物、沉沙池、引水发电系统以及鱼道等组成。根据扎拉环评和可行性研究设计报告,鱼道布置在大坝坝下右岸,进口紧邻生态机组厂房尾水口,为满足不同上游水位的过鱼需要,共设3个出鱼口,鱼道全长约2.97km。

扎拉水电站鱼道是典型的竖缝式鱼道,根据不同的仿生态鱼道数学模拟和局部物理模型试验结果,竖缝式仿生态鱼道的设计参数与传统竖缝式鱼道相比,在池室结构型式、流速分布、流速、紊动能等方面,对表层及底层的鱼类通过鱼道具有一定改进,但过鱼目标较为单一;而窄深型仿生态鱼道主要水力指标虽能满足鱼类通过需求,但从模拟结果来看,虽经过多种池室方案布置优化,总体仍不能形成贯通的低流速区,同时鱼道的耗水量大,池室结构复杂,后期鱼道施工及运行成本较高。

因此,本章针对扎拉竖缝式鱼道结构特点,结合扎拉过鱼对象生态习性和游泳能力,为适应同一种类不同生长阶段、不同鱼类游泳能力的差异,选择具有多种生态功能的一种新型仿生态鱼道进行优化设计和分析。

7.1 扎拉水电站鱼道设计参数

7.1.1 主要过鱼对象

玉曲河流域鱼类相对简单,主要有鲤科的裂腹鱼亚科、鳅科的条鳅亚科以及鲇形目鮡科等组成,其中裂腹鱼4种,条鳅亚科8种,鮡科2种。根据鱼类的繁殖、洄游等习性分析,裂腹鱼类在3月即开始生殖洄游,4月进入初始繁殖期,5—6月进入繁殖旺盛期;4—9月水温相对较高,是裂腹鱼类的生长期,其中5—8月是一年中水温最高、水量最大的时期,由于饵料资源丰富,是裂腹鱼类生长旺盛期,10月水温开始显著下降,裂腹鱼类开始越冬洄游,11月至次年2月,进入越冬期。鮡科鱼类由于其繁殖要求水温较高,5月进入繁殖期,6—7月为繁殖盛期。玉曲河主要鱼类生物学特征如下。

裸腹叶须鱼:裂腹鱼亚科,是列入《中国物种红色名录》的鱼类,为中国特有。玉曲河流域裸腹叶须鱼资源较为丰富,是当地的主要经济鱼类之一。适应于大江河干支流流水生活,有时也栖息在附属水体。具有春季上溯,秋季下游的生活习性。分布于金沙江水系、澜沧江和怒江上游。(图7.1-1)

图7.1-1 裸腹叶须鱼

怒江裂腹鱼:裂腹鱼亚科,别名怒江弓鱼,怒江特有种。多生活在干流中,底栖习性,依靠锐利的下颌刮食岩石上固着藻类。繁殖时间在3—7月,在干流或支流产卵。对环境有较强的适应性,分布广,数量多,为主要经济鱼类之一。(图7.1-2)

图7.1-2 怒江裂腹鱼

贡山裂腹鱼:裂腹鱼亚科,别名贡山弓鱼,怒江特有种。栖息于江河上游或支流水流湍急河段,以底栖动物为主食。(图7.1-3)

图7.1-3 贡山裂腹鱼

贡山鮡:怒江水系特有鱼类,主要摄食水生无脊椎动物。怒江水系特有种,分布于怒江干支流中,雌鱼绝对怀卵量在107~211粒之间。(图7.1-4)

图7.1-4 贡山鮡

温泉裸裂尻鱼:栖息于高原宽谷河流或湖泊中。摄食藻类和水生无脊椎动物。5—6月为产卵盛期。该鱼分布于唐古拉山以及怒江水系一带,分布区较宽,种群数量大,为当地主要经济鱼类之一。(图7.1-5)

图7.1-5 温泉裸裂尻鱼

扎那纹胸鮡:栖息于河水的激流处,以底栖水生无脊椎动物为食,分布于西藏怒江段,是小型食用鱼类。(图7.1-6)

图7.1-6 扎那纹胸鮡

玉曲河中下游,特别是下游,鱼类与怒江干流交流频繁,且玉曲河中游分布有裂腹鱼类的产卵场,下游是鮡科鱼类的重要产卵场。裂腹鱼类具有一定的生殖洄游习性,鮡科鱼类为定居性种类,但也会在繁殖期寻求适宜的产卵场。根据玉曲河下游的鱼类组成及其生态习性,扎拉水电站主要过鱼对象是具有一定洄游迁移需求的4种裂腹鱼,即怒江裂腹鱼、贡山裂腹鱼、裸腹叶须鱼、温泉裸裂尻鱼,其他鱼类如高原鳅类及鮡科鱼类作为兼顾过鱼对象。

7.1.2 鱼道主要过鱼季节

过鱼季节主要根据过鱼目标种类的繁殖季节确定,主要为4—7月。(表7.1-1)

表7.1-1 不同过鱼对象过鱼季节

过鱼对象		月份											
		1	2	3	4	5	6	7	8	9	10	11	12
主要过鱼种类	怒江裂腹鱼				●	○	○	○					
	贡山裂腹鱼				●	○	○	●					
	裸腹叶须鱼				○	○							
	温泉裸裂尻鱼				●	○	○	○					
兼顾过鱼种类	高原鳅类					●	○						
	鳅科鱼类				●	○	○						

7.1.3 鱼道上下游水位

鱼道上游工作水位为水库死水位2811.5m减去正常蓄水位2815m。下游工作水位为生态流量相应水位2761.02m减去下游高水位2766.8m(过鱼季节),最大水头约54m。

7.1.4 鱼道设计流速

针对扎拉水电站过鱼种类,目前虽没有其克流能力的测试研究结果,但近年来国内围绕裂腹鱼亚科鱼类的克流能力开展了不少测试和研究,为扎拉水电站鱼道设计提供了参考。(表7.1-2、表7.1-3)

表7.1-2 部分裂腹鱼亚科临界速度

种类	全长(m)	测试水温(°C)	临界速度(m/s)	资料来源
齐口裂腹鱼	0.34±0.01(SE)	16.2~18.2	0.65~0.9	傅菁菁 等,2013
齐口裂腹鱼	0.19±0.01(SE)	14.2~23.7	0.48~1.34	Cai et al. , 2014b
细鳞裂腹鱼	0.11±0.01(SE)	25.0~27.0	1.11±0.02(SE)	袁喜 等,2012

种类	全长(m)	测试水温(℃)	临界速度(m/s)	资料来源
巨须裂腹鱼	0.26～0.32	5.0～18.0	0.81～1.54	中国科学院水生态环境研究所测试成果
异齿裂腹鱼	0.14～0.43	15.0～17.0	0.80～1.45	叶超 等,2013
异齿裂腹鱼	0.21～0.41	4.7～5.7	0.77～1.29	测试成果
长丝裂腹鱼	0.19～0.28	12.5～15.9	0.70～0.91	测试成果
短须裂腹鱼	0.25～0.36	13.2～15.6	0.64～0.87	测试成果

表7.1-3　部分裂腹鱼亚科突进速度

鱼种	全长(m)	测试水温(℃)	突进速度(m/s)	资料来源
齐口裂腹鱼	0.34±0.01(SE)	17.2～21.6	0.85～1.53	傅菁菁 等,2013
巨须裂腹鱼	0.13～0.33	5.3～6.1	0.90～1.50	测试成果
异齿裂腹鱼	0.14～0.32	15.0～17.0	1.18～2.20	叶超 等,2013
异齿裂腹鱼	0.24～0.42	5.0～5.8	1.02～1.59	测试成果
长丝裂腹鱼	0.21～0.30	12.9～15.0	1.05～1.46	测试成果
短须裂腹鱼	0.26～0.32	12.8～15.2	1.08～1.42	测试成果

根据以上参考和测试数据,扎拉鱼道过鱼孔口设计流速取1.1～1.4m/s。

7.2 扎拉水电站鱼道布置

7.2.1 鱼道总体布置

根据大坝总体布置,鱼道布置在大坝坝下右岸,进口紧邻生态机组厂房尾水口,进口底板高程2759m。在进口处转折后,沿地形向下游延伸,并在距坝下约1.25km处(高程2782m)向上游折返,沿地形向上游延伸。在高程为2807.5m处,鱼道穿过大坝,并从厂房进水洞上方穿过,沿地形延伸至上游库区,坝上段总长度约

330m。为满足不同上游水位的过鱼需要,共设3个出鱼口,底板高程分别为2809.5m、2811.25m和2813m。鱼道全长约2.97km。(图7.2-1)

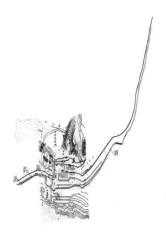

图7.2-1 扎拉鱼道方案平面布置图

7.2.2 鱼道池室布置

扎拉水电站采用竖缝式鱼道,根据鱼道的过鱼规模、过鱼对象、池室流态及鱼道总体长度,鱼道池室长度为3m,竖缝宽度为30cm,鱼道宽度为2.5m,鱼道底坡为1:50。鱼道有效池室数量899个,鱼道中高程每提升1m设1个休息池,休息池无底坡,长度为5m。鱼道池室结构见图7.2-2。

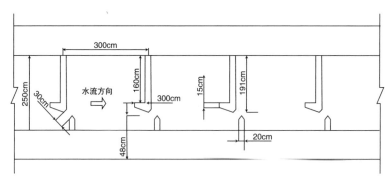

图7.2-2 鱼道池室结构

7.3 仿生态鱼道优化布置方案

本节针对扎拉水电站竖缝式鱼道,提出一种适合不同目标鱼种的仿生态鱼道,在满足不同游泳能力和不同体形的鱼类通过的同时,增加鱼类栖息地、休息区等多种生态功能,满足多种生态需求。

　　适合不同目标鱼种的仿生态鱼道基本形式为梯形水槽型式,槽身两侧设置有鱼道岸坡,可采用植被进行生态护岸。鱼道槽身和一侧的鱼道岸坡之间设置有多个透水性隔墙,多个透水性隔墙沿水流方向均匀间隔分布。水槽底板宽度1m,两侧边坡对称布置,边坡中间有一宽0.2m的马道,马道以上岸坡坡度1:1,马道以下岸坡坡度1:1.5,边坡平面宽度1.2m。鱼道池室左侧采用一字形隔墙,隔墙宽度0.4m,隔墙采用矩形型式,在槽底方向沿底板延伸0.1m后,头部加120°对称三角形,用于改变水流方向。岸坡右侧采用四面隔墙构建鱼道内栖息地,其中岸坡上两处隔墙采用矩形,隔墙厚度0.1m,槽底隔墙呈120°夹角,其两边隔墙错开布置2个宽0.2m、高0.5m的过鱼孔。(图7.3-1、图7.3-2)

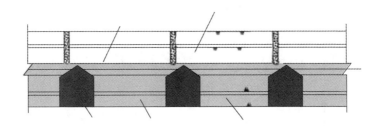

图7.3-1　适合不同目标鱼种的仿生态鱼道平面布置

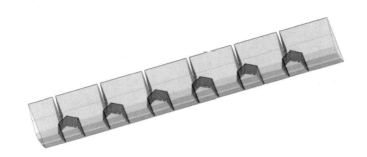

图7.3-2　适合不同目标鱼种的仿生态鱼道示意图

7.4 局部池室水力特性模拟分析

　　本节针对所提出的适合不同目标鱼种的仿自然鱼道,设置14种工况,分别计算不同竖缝间距、池室宽度、坡度、水深等条件下池室水力特性,如流态、流速、紊动

能、涡量等,以实现对局部池室水力学参数的分析和优化。(表7.4-1)

表7.4-1　计算工况

工况	1	2	3	4	5	6	7	8	9	10	11	12	13	14
竖缝间距(cm)	0.2	0.3	0.4	0.5		0.4			0.4			0.4		
坡度			1/200					1/100	1/150	1/250		1/200		
池室宽度(m)			8			6	7	9		8		8		
池室水深(m)				1.5							1.8	1.2	0.9	0.6

7.4.1 竖缝间距对池室水力特性的影响分析

在坡度一定、池室水深一定条件下,对竖缝间距0.2m、0.3m、0.4m、0.5m不同间距(工况1~工况4)对鱼道流量及池室水力特性的影响进行模拟、计算和分析。

从池室流量来看,竖缝的间距与流量之间基本呈线性关系,间距越大,池室流量越大,竖缝间距为0.2~0.5m时,对应的池室流量为0.29~0.52m³/s。(图7.4-1)

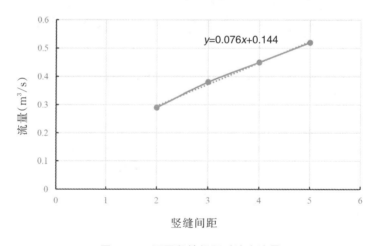

图7.4-1　不同竖缝间距时池室流量

(1)流态

从流态上看,不同竖缝间距的水流流态基本一致。表层池室左岸为水流主流区,右侧形成一较大回流区。左岸隔板后形成一小回流区,右侧隔板封闭水域形成一回流区。中层流态与表层类似,只是池室内较大回流区范围继续扩大至整个池室宽度方向,池室左侧主流区位于旋涡边缘。底层池室内竖缝出口水流直接撞击边壁然后折向下游竖缝,池室底部孔口有较为明显的主流线。(图7.4-2)

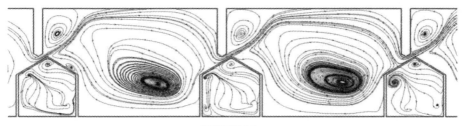

竖缝间距0.2m

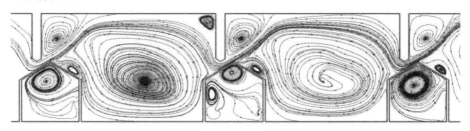

竖缝间距0.3m

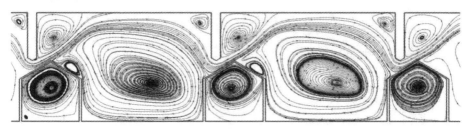

竖缝间距0.4m

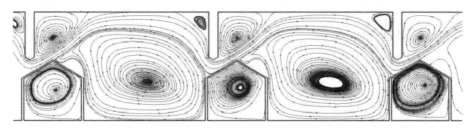

竖缝间距0.5m

图7.4-2 不同竖缝间距池室流态对比

(2)流速

池室竖缝处最大流速差异不大,随着竖缝间距的增加略有增大。竖缝间距0.2~0.5m时,表层竖缝出口处最大流速为0.96~1.03m/s,中层竖缝出口处最大流速为 0.95～1.04m/s,底层竖缝出口处最大流速为 0.93～1.07m/s。底层过鱼孔流速 0.4～0.6m/s。(图 7.4-3)

表层流速在竖缝出口处最大,竖缝处水流自竖缝出口射向池室左岸,并部分撞击池室边壁,撞击边壁后折向下一级池室竖缝,池室右侧有一较大回流区,回流区流速在 0.3m/s 以内。中层池室的流速分布规律与表层池室基本一致。底层有 3 条主流区,竖缝处为主要主流区,右侧隔板两侧的过鱼孔形成 2 个次主流区。

Velocity Magnitude： 0 0.1 0.2 0.3 0.4 0.5 0.6 0.7 0.8 0.9 1 1.1 1.2

竖缝间距 0.2m

Velocity Magnitude： 0 0.1 0.2 0.3 0.4 0.5 0.6 0.7 0.8 0.9 1 1.1 1.2

竖缝间距 0.3m

Velocity Magnitude： 0 0.1 0.2 0.3 0.4 0.5 0.6 0.7 0.8 0.9 1 1.1 1.2

竖缝间距 0.4m

Velocity Magnitude： 0 0.1 0.2 0.3 0.4 0.5 0.6 0.7 0.8 0.9 1 1.1 1.2

竖缝间距 0.5m

图 7.4-3　不同竖缝间距池室底部流速分布

（3）紊动能

紊动能最大值随着竖缝间距的增加而增大,竖缝间距为 0.2～0.5m 时,表层竖缝出口处最大紊动能值为 0.04～0.066m²/s²,中层竖缝出口处最大紊动能值为 0.044～0.053m²/s²,底层竖缝出口处最大紊动能值为 0.05～0.07m²/s²。表层紊动能在竖缝出口处最大,紊动能自竖缝向池室逐渐减小,紊动能值较大区域基本位于左侧上下池室之间的区域。中层和底层池室的紊动能分布规律与表层池室基本一致,紊动能的扩散范围较表层小。底层的紊动能强度和范围较中层池室进一步减小。(图 7.4-4)

Turbulent Kinetic Energy: 0 0.01 0.02 0.03 0.04 0.05

竖缝间距 0.2m

Turbulent Kinetic Energy: 0 0.01 0.02 0.03 0.04 0.05

竖缝间距 0.3m

Turbulent Kinetic Energy: 0 0.01 0.02 0.03 0.04 0.05

竖缝间距 0.4m

Turbulent Kinetic Energy: 0 0.01 0.02 0.03 0.04 0.05

竖缝间距 0.5m

图 7.4-4　不同竖缝间距池室底部紊动能分布

（4）涡量

不同的竖缝间距池室内涡量差异不大，表、中、底层的涡量分布区域及范围基本一致，主要位于竖缝及过鱼孔附近。竖缝间距为 0.2~0.5m 时，对应的表层涡量为 16.4~24.7s^{-1}，中层涡量为 20.1~28.1s^{-1}，底层涡量为 20.6~23.5s^{-1}。（图 7.4-5）

竖缝间距0.2m

竖缝间距0.3m

竖缝间距0.4m

竖缝间距0.5m

图7.4-5　不同竖缝间距池室底部涡量分布

7.4.2 池室宽度对池室水力特性的影响分析

本节分别对不同池室宽度 6m、7m、8m 及 9m（工况 3、工况 5、工况 6、工况 7）下鱼道池室水力特性的影响进行分析。

（1）流态

回流区范围随着池室宽度的增加而增大，池室表层、中层、底层流态类似。表层池室左侧为水流主流区，隔板后形成一小回流区，右侧形成一较大回流区，池室左侧主流区位于旋涡边缘。底层池室内竖缝出口水流直接撞击边壁，然后折向下游竖缝，池室底部孔口有较为明显的主流线。（图7.4-6）

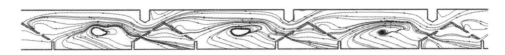

宽度6m

宽度7m

宽度8m

宽度9m

图7.4-6 不同池室宽度底层流态对比

（2）流速

池室宽度不同，池室竖缝处最大流速差异不大，随着池室宽度的增加而略有增大。池室宽度为6～9m时，表层竖缝出口处最大流速为0.93～1.06m/s，中层竖缝出口处最大流速为0.91~1.04m/s,底层竖缝出口处最大流速为0.84~1.10m/s。底层过鱼孔流速为0.4~0.6m/s。表层流速在竖缝出口处最大,竖缝处水流自竖缝出口射向池室左岸,并部分撞击池室边壁,撞击边壁后折向下一级池室竖缝,池室右侧有一较大回流区,回流区流速在0.3m/s以内。中层池室的流速分布规律与表层池室基本一致。底层存在3条主要流区,竖缝处为主要主流区,右侧隔板两侧的过鱼孔形成2个次主流区。(图7.4-7)

Velocity Magnitude: 0 0.1 0.2 0.3 0.4 0.5 0.6 0.7 0.8 0.9 1 1.1 1.2

池室宽度6m

Velocity Magnitude: 0 0.1 0.2 0.3 0.4 0.5 0.6 0.7 0.8 0.9 1 1.1 1.2

池室宽度7m

Velocity Magnitude: 0 0.1 0.2 0.3 0.4 0.5 0.6 0.7 0.8 0.9 1 1.1 1.2

池室宽度8m

Velocity Magnitude: 0 0.1 0.2 0.3 0.4 0.5 0.6 0.7 0.8 0.9 1 1.1 1.2

池室宽度9m

图7.4-7 不同池室宽度底层流速分布

（3）紊动能

紊动能最大值随着池室宽度的增加而增大，池室表层、中层和底层的紊动能分布规律基本一致，紊动能的扩散范围较表层小。表层紊动能在竖缝出口处最大自竖缝向池室逐渐减小，紊动能值较大区域基本位于左侧上下池室之间的区域。池室宽度为6～9m时，表层竖缝出口处最大紊动能值为$0.054\sim0.065m^2/s^2$，中层竖缝出口处最大紊动能值为$0.048\sim0.067m^2/s^2$，底层竖缝出口处最大紊动能值为$0.04\sim0.067m^2/s^2$，紊动能强度从表层向底层逐渐较小，范围变小。（图7.4-8）

Turbulent Kinetic Energy：0 0.01 0.02 0.03 0.04 0.05

池室宽度6m

Turbulent Kinetic Energy：0 0.01 0.02 0.03 0.04 0.05

池室宽度7m

Turbulent Kinetic Energy：0 0.01 0.02 0.03 0.04 0.05

池室宽度8m

Turbulent Kinetic Energy：0 0.01 0.02 0.03 0.04 0.05

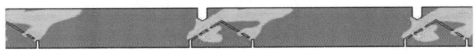

池室宽度9m

图7.4-8 不同池室宽度底层紊动能分布

（4）涡量

不同池室宽度池室内涡量差异不大，表、中、底层的涡量分布区域及范围基本一致，主要位于竖缝及过鱼孔附近。池室宽度6～9m时，对应的表层涡量26.5^{-1}～25.4^{-1}，中层涡量29.9^{-1}～29.7^{-1}，底层涡量23.5^{-1}～19.4^{-1}。（图7.4-9）

池室宽度6m

池室宽度7m

池室宽度8m

池室宽度9m

图7.4-9 不同池室宽度底部涡量分布

7.4.3 坡度对池室水力特性的影响分析

本节分别对不同坡度1：100、1：150、1：200及1：250时（工况3、工况8、工况9、工况10）下鱼道池室水力特性的影响进行分析。

（1）流态

不同坡度的水流流态没有大的变化,表层与中层流态分布类似。池室表层左岸为水流主流区,右侧形成一较大回流区。左岸隔板后形成一小回流区,右侧隔板封闭水域形成一回流区,池室左侧主流区位于旋涡边缘。池室底层竖缝出口水流直接撞击边壁然后折向下游竖缝,池室底部孔口有较为明显的主流线。(图7.4-10)

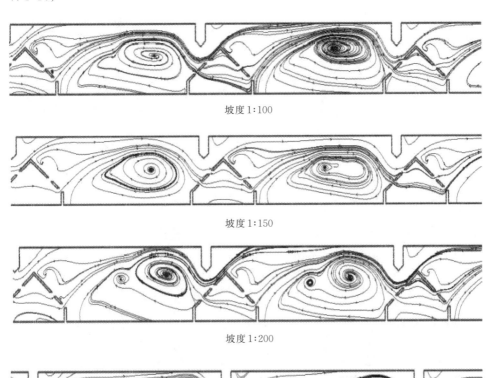

坡度1:100

坡度1:150

坡度1:200

坡度1:250

图 7.4-10 不同坡度池室流线对比

（2）流速

池室竖缝处最大流速随着坡度的增加而增大。坡度1:(100~250)时,表层竖缝出口处最大流速为0.88~1.44m/s,中层竖缝出口处最大流速为1.04~1.41m/s,底层竖缝出口处最大流速为0.86~1.5m/s。底层过鱼孔流速0.4~0.6m/s。

表层流速在竖缝出口处最大,竖缝处水流自竖缝出口射向池室左岸,并部分撞击池室边壁,撞击边壁后折向下一级池室竖缝,池室右侧有一较大回流区,回流区流速在0.5m/s以内。中层池室的流速分布规律与表层池室基本一致。底层存在3条主要流区,竖缝处为主要主流区,右侧隔板两侧的过鱼孔形成两次主流区。(图7.4-11)

Velocity Magnitude: 0 0.2 0.4 0.6 0.8 1 1.2 1.4

坡度1:100

Velocity Magnitude: 0 0.2 0.4 0.6 0.8 1 1.2 1.4

坡度1:150

Velocity Magnitude: 0 0.1 0.2 0.3 0.4 0.5 0.6 0.7 0.8 0.9 1 1.1 1.2

坡度1:200

Velocity Magnitude: 0 0.1 0.2 0.3 0.4 0.5 0.6 0.7 0.8 0.9 1 1.1 1.2

坡度1:250

图7.4-11 不同坡度池室底层流速分布

(3) 紊动能

紊动能最大值随着坡度的增加而增大,中层和底层池室的紊动能分布规律与表层池室基本一致,紊动能的扩散范围较表层小。表层紊动能在竖缝出口处最大,紊动能自竖缝向池室逐渐减小,紊动能值较大区域基本位于左侧上、下池室之间的区域。底层的紊动能强度和范围较中层池室进一步减小。坡度为 1:(100~250)时,表层竖缝出口处最大紊动能值为 0.139~0.045m²/s²,中层竖缝出口处最大紊动能值为 0.11~0.043m²/s²,底层竖缝出口处最大紊动能值为 0.12~0.04m²/s²。(图7.4-12)

Turbulent Kinetic Energy: 0 0.020.040.060.08 0.1 0.12

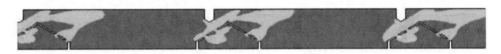

池室坡度 1:100

Turbulent Kinetic Energy: 0 0.020.040.060.08 0.1 0.12

池室坡度 1:150

Turbulent Kinetic Energy: 0 0.020.040.060.08 0.1 0.12

池室坡度 1:200

Turbulent Kinetic Energy: 0 0.020.040.060.08 0.1 0.12

池室坡度 1:200

图 7.4-12　不同坡度池室底层紊动能对比

（4）涡量

涡量最大值随着坡度的增加而增大。表、中、底层的涡量分布区域及范围基本一致，主要位于竖缝及过鱼孔附近。池室坡度1:(100～250)时，对应的表层涡量为27.9～26.5s^{-1}，中层涡量为40.8～26s^{-1}，底层涡量为42～26.45s^{-1}。（图7.4-13）

Vorticity Magnitude: 0 2 4 6 8 10 12 14 16 18 20 22 24 26 28 30

池室坡度1:100

Vorticity Magnitude: 0 2 4 6 8 10 12 14 16 18 20 22 24 26 28 30

池室坡度1:150

Vorticity Magnitude: 0 2 4 6 8 10 12 14 16 18 20 22 24 26 28 30

池室坡度1:200

Vorticity Magnitude: 0 2 4 6 8 10 12 14 16 18 20 22 24 26 28 30

池室坡度1:250

图7.4-13　不同坡度的池室底层涡量分布

7.4.4 池室水深对水力特性的影响分析

本节采用三维数值模拟技术计算了鱼道池室水深分别为0.6m、0.9m、1.2m、1.5m、1.8m时（工况3、工况11～工况14）的鱼道流量及池室水力特性，以下分析池

室水深对鱼道池室水力特性的影响。(图7.4-14)

不同池室水深时,底层流速的分布规律及峰值基本一致,表明本次提出的鱼道池室能较好地适应上下游水位变幅。

Velocity Magnitude: 0 0.1 0.2 0.3 0.4 0.5 0.6 0.7 0.8 0.9 1 1.1

水深0.6m

Velocity Magnitude: 0 0.1 0.2 0.3 0.4 0.5 0.6 0.7 0.8 0.9 1 1.1

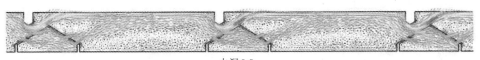

水深0.9m

Velocity Magnitude: 0 0.1 0.2 0.3 0.4 0.5 0.6 0.7 0.8 0.9 1 1.1

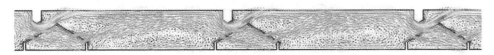

水深1.2m

Velocity Magnitude: 0 0.1 0.2 0.3 0.4 0.5 0.6 0.7 0.8 0.9 1 1.1

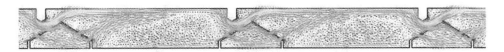

水深1.5m

图7.4-14 不同池室水深时底层流速对比

7.4.5 局部物理模型验证

7.4.5.1 模型构建

为验证本次提出的适合不同目标鱼种的仿生态鱼道的三维数值模拟精度和可靠性,构建比尺为1:10的物理模型,模型水槽型式及尺寸与第4.1节梯形水槽一致,共计布置10个池室,池室宽度8m,竖缝间距0.4m,水槽坡度1:200,水槽及鱼道池室均采用有机玻璃制造。(图7.4-15)

图7.4-15 物理模型试验

7.4.5.2 试验结果

试验中上下游水位为2m。流态上,竖缝处水流在出竖缝后射向左边岸坡,主流边缘撞击岸坡,主流沿着岸坡向前运行,在到达下游隔墙前,水流偏向右侧流向下一级池室竖缝。模型试验及数值模拟的水流流态基本一致。(图7.4-16)

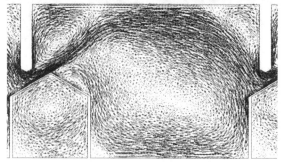

图7.4-16 物理模型与数值模拟流态对比

流速方面,表层流速在竖缝出口处最大,达到1m/s左右,竖缝处水流自竖缝出口射向池室左岸,并部分撞击池室边壁,撞击边壁后折向下一级池室竖缝,池室右侧有一较大回流区,回流区流速在0.3m/s以内。中层池室的流速分布规律与表层池室基本一致。受模型缩尺的影响及试验精度的限制,池室底部隔板形成的主流方向基本与试验一致,但封闭鱼类栖息地内流速与试验值有较大差异,数值模拟流速偏大。(图7.4-17)

总体上,物理模型试验值与数值模拟值对比可以发现两者的流速值及主流方向基本一致,表明三维数值模拟技术可较好地模拟鱼道池室水流水力特性。

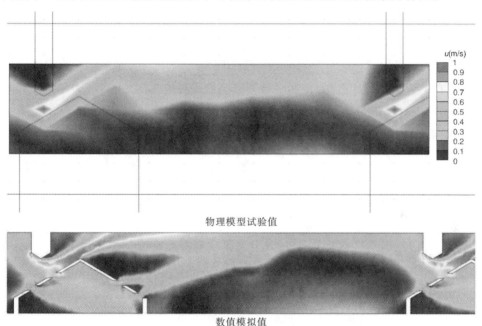

物理模型试验值

数值模拟值

图7.4-17 底部过鱼孔区域物理模型与数值模拟流态对比

7.5 仿生态鱼道局部池室优化方案建议

扎拉水电站过鱼对象主要为裂腹鱼类、高原鳅类及鮡科鱼类,不同的种类游泳能力差异较大,即使是同一种裂腹鱼,在体长基本相同情况下,其临界泳速和突进速度也有所差异,需要研究一种适合不同鱼种和游泳能力的仿生态鱼道型式。本章通过对鱼道局部池室结构布置型式与水力学特性之间的关系进行研究,建议从以下几个方面对鱼道池室进行优化:

第一,鱼道池室断面采用梯形,相对于矩形断面,梯形池室竖缝处流速沿水深向上逐渐减小,竖缝处最大流速较矩形池室小,主流区和回流区紊动能减小$0.01\text{m}^2/\text{s}^2$,池室内形成两大回流区,鱼类不易迷失方向,顺利通过竖缝的成功率较高。

第二,鱼道池室改变隔板结构,一侧隔板改为透水隔墙,增加过鱼孔,营造0.6m/s以下的底层低流速区,鱼道池室形成多样化的流速分布,有助于适应游泳能力较弱的鱼类或体形较小的鱼类上溯和栖息。

第三,不同的竖缝间距、池室宽度在流速流态、涡量分布差异不大,但紊动能随着间距和宽度的增加而增大,竖缝间距和池室宽度根据工程建设需要选择合适的尺寸,不小于过鱼对象的最大体形,节省投资的同时满足过鱼需求。

第四,随着鱼道坡度的增加,池室内流速、紊动能、涡量等水力学参数均相应增大,尤其是竖缝处和过鱼孔,在这些鱼类需要使用突进速度才能通过的区域,有可能形成流速障碍,导致不能继续上溯,建议鱼道坡度尽可能降低,池室内最大流速不超过鱼类突进速度,提高鱼道可通过性。

8　相关工程鱼道优化设计方案

8.1 宗通卡水利枢纽工程鱼道设计方案

8.1.1 过鱼对象

　　根据水生生态影响预测分析,宗通卡水利枢纽工程建成运行后,对裸腹叶须鱼、前腹裸裂尻鱼、光唇裂腹鱼、澜沧裂腹鱼具有一定的阻隔影响。因此,宗通卡水利枢纽工程将裸腹叶须鱼、前腹裸裂尻鱼、光唇裂腹鱼及澜沧裂腹鱼作为主要过鱼对象。

　　由于高原鳅和细尾鮡为定居性鱼类,在较小的生境范围即可以完成生活史。为了保护鱼类生物多样性,促进坝上坝下鱼类的种群交流,宗通卡水利枢纽工程将高原鳅、细尾鮡等鱼类兼作过鱼对象。

8.1.2 过鱼季节

　　裂腹鱼类的主要繁殖季节为4—6月,因亲鱼繁殖前即具有生殖洄游行为,过鱼季节从3月开始,考虑到7—8月少数个体仍具有繁殖行为,因此主要过鱼季节为4—6月,兼顾过鱼季节为3月及7—8月。

8.1.3 过鱼条件

8.1.3.1 设计水位

（1）洪水调度方式

宗通卡水利枢纽不承担调峰任务,一般情况下维持在正常蓄水位运行。当发生洪水时,水库按敞泄方式进行洪水调节,即当洪水来量小于泄洪设备泄洪能力时,按洪水来量下泄,维持坝前水位不变;当洪水来量大于泄洪设备泄洪能力时,按泄洪能力下泄,坝前水位相应抬高。宗通卡水库调洪起调水位从正常蓄水位3474m开始。

（2）水库调度运用方式

宗通卡水利枢纽开发任务为以供水为主，结合发电，兼顾灌溉等综合利用。根据开发任务主次，协调综合用水各部门的关系，并在确保工程安全的前提下，初拟水库运行方式如下：①宗通卡水利枢纽总体按径流式运行，即来水扣除供水之后的水量全部下泄，水库维持正常蓄水位运行；②当来水小于 16.3m³/s 时，按来水流量下泄，供水由水库补给，此时段水库水位出现一定程度的消落；③水库消落后，当来水大于 16.3m³/s 时，水库开始蓄水并逐步蓄至正常蓄水位，即按来水扣除供水流量后水量的 95% 下泄，其余水量留蓄水库，而当水库水位蓄至正常蓄水位后，水库恢复径流式运行，即来水扣除供水之后的水量全部下泄，水库维持正常蓄水位运行。

（3）出入库水位

根据宗通卡 1960—2014 年出入库流量及库水位统计分析，在主要过鱼季节的 4—6 月，仅 2001 年 3—5 月、2002 年 5 月、2005 年 4 月、2006 年 4 月和 2011 年 3 月，库水位低于 3470m。其余时段库水位均在 3470m 以上，绝大多数时段库水位为 3474m。

（4）设计水位

综合水库运行调度方式以及 1960—2014 年共 55 年的出入库水位分析成果，按过鱼水位保证率大于 90%，过鱼季节上游运行水位确定为 3473～3474m，下游为 3409.61～3415.5m。上游水位变幅 1m，下游 5.89m，最大工作水头 64.39m。（表 8.1-1）

表 8.1-1　宗通卡水利枢纽工程过鱼设施工作特征水位表

设计水位		取值依据	水位（m）	水位变幅（m）	工作水头（m）
坝址下游	最低	（生态流量）下游水位	3409.61	5.89	64.39
	最高	过鱼季节频率高水位	3415.50		
坝址上游	最低	过鱼季节上游频率低水位	3473.00	1.00	
	最高	正常蓄水位	3474.00		

8.1.3.2 鱼类克流能力

本工程过鱼对象主要为裂腹鱼类，近些年国内围绕裂腹鱼类克流能力开展的研究（表 8.1-2 和表 8.1-3）可为本工程提供参考。

根据以上测试数据，同时参考藏木鱼道主要过鱼对象的克流能力，本工程过鱼孔口设计流速暂按 1.1m/s 控制，下阶段根据鱼类克流能力研究成果进行优化。

表8.1-2 部分裂腹鱼亚科鱼类临界游速

鱼种	全长(m)	测试水温(℃)	临界游速(m/s)	资料来源
齐口裂腹鱼	0.34±0.01(SE)	16.2~18.2	0.65~1.09	傅菁菁 等,2013
齐口裂腹鱼	0.19±0.01(SE)	14.2~23.7	0.48~1.34	Cai et al.,2014b
细鳞裂腹鱼	0.11±0.01(SE)	25.0~27.0	1.11±0.02(SE)	袁喜 等,2012
巨须裂腹鱼	0.26~0.32	5.0~18.0	0.81~1.54	中国科学院水生态研究所测试成果
异齿裂腹鱼	0.14~0.43	15.0~17.0	0.80~1.45	叶超 等,2013
异齿裂腹鱼	0.21~0.41	4.7~5.7	0.77~1.29	中国科学院水生态研究所测试成果
长丝裂腹鱼	0.19~0.28	12.5~15.9	0.70~0.91	中国科学院水生态研究所测试成果
短须裂腹鱼	0.25~0.36	13.2~15.6	0.64~0.87	中国科学院水生态研究所测试成果

表8.1-3 部分裂腹鱼亚科鱼类突进游速

鱼种	全长(m)	测试水温(℃)	突进游速(m/s)	资料来源
齐口裂腹鱼	0.34±0.01(SE)	17.2~21.6	0.85~1.53	傅菁菁 等,2013
巨须裂腹鱼	0.13~0.33	5.3~6.1	0.90~1.50	中国科学院水生态研究所测试成果
异齿裂腹鱼	0.14~0.32	15.0~17.0	1.18~2.20	叶超 等,2013
异齿裂腹鱼	0.24~0.42	5.0~5.8	1.02~1.59	中国科学院水生态研究所测试成果
长丝裂腹鱼	0.21~0.30	12.9~15.0	1.05~1.46	中国科学院水生态研究所测试成果
短须裂腹鱼	0.26~0.32	12.8~15.2	1.08~1.42	中国科学院水生态研究所测试成果

8.1.4 鱼道方案设计

8.1.4.1 鱼道布置

（1）鱼类密集水域分析及进鱼口选址

进鱼口位置选址一般遵循以下原则:①尽可能靠近有经常性水流下泄的位置,

如厂房尾水;②尽可能放置在鱼类可能上溯到的最上沿;③若存在鱼类的流速屏障,进口不应布置在屏障之上。

　　根据模拟结果,发电期间(最小生态流量16.3m³/s至电站满发流量206m³/s)尾水渠出口断面平均流速约0.03~1.4m/s,不存在鱼类的上溯流速屏障,满足鱼类上溯需求;尾水区流速适宜,具备鱼类集群条件;鱼类主要密集分布区应在尾水渠下方及两侧水域。鱼道进口宜紧靠厂房尾水塔布置。

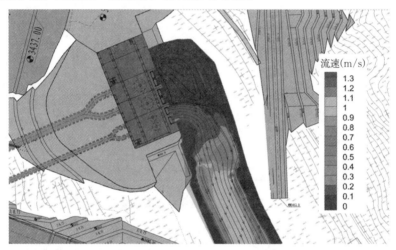

典型工况1坝下流场(生态机组发电,流量37.8m³/s)

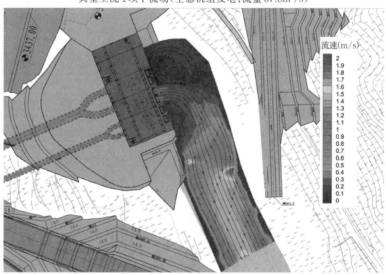

典型工况2坝下流场(生态机组和1台机组合发电,流量121.9m³/s)

图8.1-1　典型工况下坝下流场

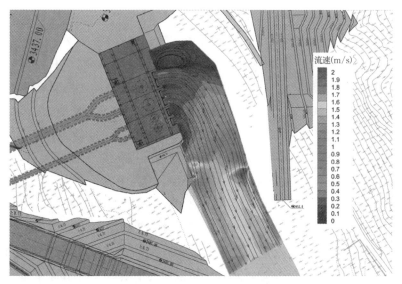

典型工况3(机组满发,流量206m³/s)

续图 8.1-1　典型工况下坝下流场

图 8.1-2　主要鱼类密集分布区及进鱼口选址方案

（2）出口设计

根据工程上游水位变幅,设置1个出鱼口,高程为3472m,距坝轴线距离约为300m。

（3）总体布置

根据枢纽布置格局，鱼道有左岸布置和右岸布置两种布置格局。

左岸鱼道布置方案：左岸鱼道进口位于电站尾水塔两侧，全长2.89km。根据下游水位变幅，共设置3个进口，高程分别为3407m、3409m、3411m。鱼道在电站后侧进行盘折布置后，在坝后厂坪采用框架结构螺旋抬升，然后向左与左岸过鱼隧洞下游相衔接；过鱼隧洞绕左岸坝肩布置，隧洞全长约413m，过鱼隧洞上游与出鱼口段衔接，衔接处设置一道防洪挡水闸门；出鱼口段沿5#施工道路布置，延伸至坝上约300m处，设置1个高程为3472m的出口。(图8.1-3～图8.1-6)

右岸鱼道布置方案：右岸鱼道方案进口布置与左岸方案一致，鱼道进口位于电站尾水塔两侧，根据下游水位变幅共设置3个进口，高程分别为3407m、3409m、3411m。进口段在电站右侧、电站后侧盘折布置后，在坝后厂坪采用框架结构螺旋抬升，然后回转向右岸并采用渡槽形式从顶部跨过溢洪道，与右岸坝肩的过鱼隧洞相衔接，右岸过鱼隧洞全长412m；过鱼隧洞上游与鱼道出鱼口段衔接，衔接处设置一道防洪挡水闸门；上游出鱼口段沿6#施工道路布置，延伸至坝上约360m处。设置1个高程为3472m出口。右岸鱼道全长2.86km。(图8.1-7)

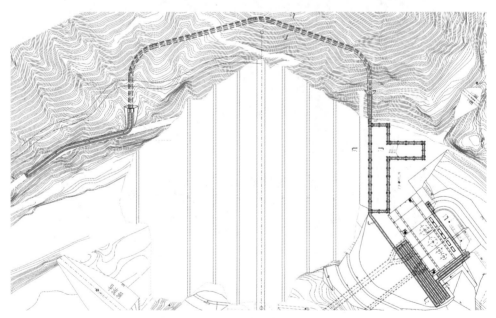

图8.1-3　左岸鱼道方案平面布置图

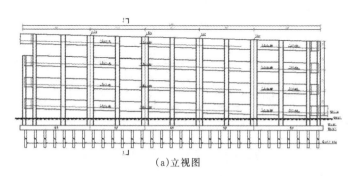

（a）立视图　　　　　　　　　　（b）断面图

图 8.1-4　左岸鱼道方案螺旋段结构示意图

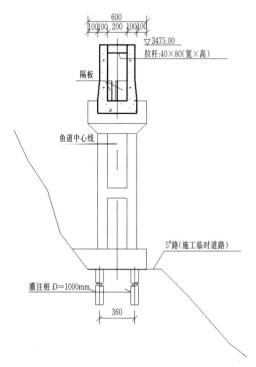

图 8.1-5　左岸鱼道方案出鱼口段结构剖面图

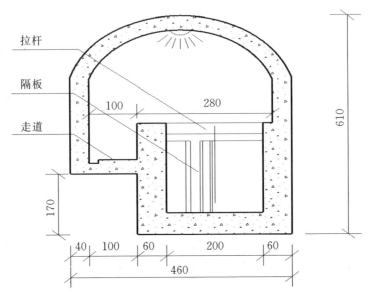

图 8.1-6　左岸鱼道方案隧洞段结构剖面图

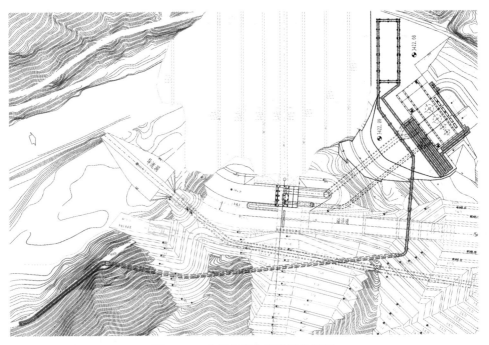

图 8.1-7　右岸鱼道方案平面布置图

　　左岸鱼道方案和右岸鱼道布置方案,下游进鱼口布置及鱼道内的池室水力学条件基本相同,影响鱼类洄游的主要区别在于鱼类出鱼口的位置。左岸鱼道的出鱼口位于库区左侧的凹岸,由于没有其他工程布置,受水利枢纽日常调度的影响较小;右岸鱼道的出鱼口位于库区右侧的凹岸,邻近泄洪洞、溢洪道的取水口,鱼道出鱼口受水利枢纽日常调度的影响较大。从鱼道运行条件角度比较,左岸鱼道布置方案比右岸鱼道布置方案更优。

左岸鱼道与导流、泄洪建筑物分两岸布置,互不干扰;右岸鱼道需要从顶部跨越溢洪道,布置空间和施工次序均存在着一定的干扰。因此,从布置和施工的角度比较,左岸鱼道布置方案优于右岸鱼道布置方案。

综合比较,本阶段推荐采用左岸鱼道布置方案。

8.1.4.2 池室结构

(1) 池室结构类型

常见的鱼道结构样式有丹尼尔式、溢流堰式和竖缝式三种。3种鱼道的优缺点比较见表8.1-4。综合考虑工程特性和鱼类的生态习性,鱼道采用垂直竖缝式。

表8.1-4 3种鱼道结构样式优缺点比较

鱼道结构样式	优点	缺点	适用范围
丹尼尔式	消能效果好,鱼道体积较小,鱼类可在任何水深中通过且途径不弯曲表层流速大,有利于鱼道进口诱鱼	鱼道内水流紊动剧烈,气体饱和度高鱼道尺寸小,过鱼量少	规模较小的溪流;水头差较小的工程;游泳能力较强的鱼类
溢流堰式	消能效果好,鱼道内紊流不明显	不适应上下游水位变幅,较大的地方易淤积	翻越障碍能力较强的鱼类(如鳟鱼、鲑鱼)
垂直竖缝式	消能效果较好,表层、底层鱼类都可适应,水位变幅较大,不易淤积	鱼道下泄流量较小时,诱鱼能力不强(需要补水系统)	过鱼种类较多,包含底层和表层鱼类;上下游水位变化较大的工程

(2) 规模尺寸

池室长度、宽度与水流的消能效果和鱼类的休息条件关系密切,同时也直接影响鱼道的全长。较长的池室,水流条件较好,休息水域较大,对过鱼有利。同时,过鱼对象个体越大,池室长度也应越大。

根据《水利水电工程鱼道设计导则》(SL 609—2013),池室宽度不应小于最大过鱼目标体长的2倍,池室长度不应小于最大过鱼目标体长的2.5倍,池室长宽比宜取1.2～1.5。本工程主要过鱼对象主要为裂腹鱼类,根据渔获物情况,该江段鱼类规格较小,一般尺寸小于50cm,很少有超过此规格的鱼类,因此综合考虑本鱼道的过鱼规模、过鱼对象、池室流态及鱼道总体长度,本鱼道池室宽度取2m,长度取2.5m,池室长宽比为1.25:1。

(3)竖缝设计

鱼道的竖缝宽度直接关系到鱼道的消能效果和鱼类的可通过性,竖缝宽度越宽,越适合大型鱼类通过,但鱼道的消能效果也随之降低,鱼道内缓流区所占面积也相应减少。

鱼道竖缝的宽度一般为200～600cm,竖缝的设计不仅需要考虑幼鱼及成鱼的通过需求,还必须考虑大规格鱼类的上溯需求。综合考虑当地过鱼对象的体形以及鱼道的尺寸,同时兼顾鱼道消能要求,竖缝式鱼道的竖缝宽度取300cm。

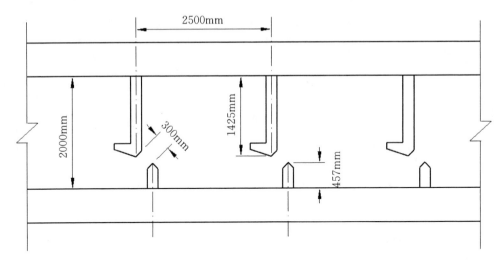

图8.1-8 鱼道池室结构图

(4)池间落差及底坡

竖缝的流速(v),是由鱼道底坡及竖缝上下游水头差 Δh 来决定,$v=\sqrt{2g\Delta h}$。根据对裂腹鱼类克流能力的分析,本阶段竖缝流速设计值取1.1m/s,根据计算池间落差 $\Delta h=0.06$m,鱼道底坡 $i=\Delta h/L=0.06/2.5\approx1/40$。

(5)休息池

为避免鱼类连续上溯后引起疲劳,鱼类上溯途中应设置一定的休息场所。由于竖缝式鱼道池室中存在相应的缓流区域,部分鱼类可以在池室中得到短暂休息,但规格较大的种类及游泳能力较弱的种类仍然需要在流速更低、紊动强度更低的场所休息以恢复体力。

因此,本鱼道中原则上每10个普通池室设一个长5m的休息池,休息池底坡1:100。另外,在鱼道的转角设置平底休息池。

8.1.4.3 辅助设施

鱼道在进鱼口、出鱼口及过坝段共布置5套鱼类洄游监测系统,用以统计成功上溯的鱼类的种类和数量,评估鱼道的过鱼效果,兼具鱼类生态保护示范及宣传功能。监测系统包括观察窗、过鱼计数器等设备。观测窗布置在观测室靠鱼道侧,窗口与鱼道侧槽壁平齐,底部与鱼道过鱼池底高程相同,顶部高程与鱼道水面平齐。在观测窗附近设置水下视频拍摄或红外扫描设备等,配合视频分析软件对鱼类进行计数和统计。

8.2 青峪口水库工程鱼道设计方案

8.2.1 过鱼目标

8.2.1.1 过鱼对象

小通江河流河道弯曲,有宽有窄,滩潭交替,多边滩、暗礁和岩洞,水流缓急变化,河底主要由砾石和砂组成,鱼类主要以产黏性卵的定居性中、小型鱼类为主,包括鲤形目中的鲤、鲫、岩原鲤、白甲鱼、华鲮、中华倒刺鲃、宽口光唇鱼、唇䱻、花䱻、宽鳍鱲、马口鱼等,以及鲇形目中的南方鲇、鲇、黄颡鱼、粗唇鮠、切尾拟鲿、大鳍鳠、福建纹胸鲱等,其产卵、索饵、越冬场沿江分散分布且相互紧邻,这些种类一般可以通过很短距离的迁移就近找到适合产卵、索饵和越冬的场所,青峪口水库建成运行后大坝对其正常繁殖活动的阻隔比较有限;虽然张家坝和袁家坝两处产卵场将受到水库淹没的影响,库区鱼类可上溯进入涪阳以上保护区河段完成产卵繁殖,但不会由于大坝的阻隔而无法找到适宜的繁殖场所以完成产卵活动。

小通江下游河流中没有需要进行长距离迁移的鱼类,赤眼鳟、似鳊、华鳈、黑鳍鳈、银鮈、蛇鮈等产漂流性卵的小型鱼类繁殖时不需要从小通江下游长距离迁移到中、上游,卵发育漂流的距离也较短,因此,大坝对其阻隔影响有限。但是,坝址下游小通江河段适合在流水砂卵石底质上产黏性卵的鱼类的产卵环境将很有限,小通江下游鱼类为完成繁殖活动,仍有向上游保护区河段上溯的需求。

根据《四川省通江县青峪口水库工程对诺水河珍稀水生动物国家级自然保护区影响专题评价报告》,工程影响河段岩原鲤为四川省重点保护鱼类,华鲮、中华倒刺鲃、白甲鱼和南方鲇等为长江上游特有及经济价值较高的鱼类。综合考虑青峪口水库建成后种类组成的变化特征和趋势,大坝上、下游鱼类的基因交流,以及珍稀鱼类保护等因素,初步拟定青峪口水库工程鱼道主要过鱼对象为岩原鲤、中华倒刺鲃、白甲鱼、华鲮、宽口光唇鱼、南方鲇,次要过鱼对象为瓦氏黄颡鱼、大鳍鳠、拟鲿类、鳜、拟缘鉠以及工程影响河段有过坝需求的其他种类。

8.2.1.2 过鱼季节

青峪口水库工程过鱼设施建设的主要任务是促进坝上、坝下鱼类遗传交流。过鱼季节应重点满足主要过鱼对象在繁殖季节的过坝需求,根据主要过鱼对象的繁殖习性和水温预测成果,并考虑适当留有余地,选择过鱼季节确定为每年3月下旬至7月中旬。

8.2.1.3 过鱼规格

青峪口水库过鱼设施的设计目的是保障繁殖群体的上溯,促进遗传交流,降低后期死亡率,从而对基因库形成有效补充。过鱼目标的游泳能力、对水体的感应流速与鱼类体长等规格参数密切相关。通过相关文献资料,青峪口水库主要过鱼对象最小性成熟体长为6.7cm,最大个体性成熟体长为48.2cm,因此主要上行过鱼对象体长范围为7~48cm。下行过鱼对象主要为汛期的幼鱼,从繁殖期到汛期,幼鱼经过了一定的生长,因而下行幼鱼主要体长范围为5~15cm。

8.2.2 过鱼设施样式选择

青峪口水库过鱼设施运行最大水头32.52m,上游过鱼水位变幅约10m,坝区左岸滩地相对宽阔平缓,且水电站尾水及生态放水设施均靠左岸布置,长年下泄水流,适于修建鱼道。鱼道可持续过鱼,适应水位变幅能力较强,并且鱼道的研究、设计和建设已有多年历史,部分鱼道过鱼效果良好,鱼道设计的工艺技术较成熟,运行保证率高,操作简单,运行维护费用较低。

根据青峪口水库工程及各类过鱼建筑物的特点,结合过鱼对象的洄游习性、鱼体大小以及技术条件,从持续过鱼以及运行费用方面综合考虑,推荐过鱼建筑物采取鱼道的结构样式。

8.2.3 鱼道布置及设计

8.2.3.1 设计水位

根据青峪口水库的综合利用要求和水库的建设任务及水库调度方式,

在鱼类主要繁殖季节(3月下旬至7月中旬),上游水位多在374~376m之间变动,鱼道上游运行水位的变幅为2m。

鱼道下游最低运行水位,采用过鱼季节下泄流量系列历时保证率90%流量对应水位,经过排频统计,保证率90%相应流量5.91m³/s,对应水位351.48m;鱼道下游最高运行水位采用水电站4台机组满发流量(89.04m³/s)与诱鱼补水流量(3m³/s)之和(92.04m³/s)对应水位,为352.99m。下游水位在351.48~352.99m之间变化,变幅为1.51m。

鱼道最大工作水头24.52m,最小水头21.01m。

8.2.3.2 设计流速

过鱼设施各关键位置的设计流速是关系鱼类能否顺利通过的关键因素,如进口流速、竖缝流速、出口流速等,这些流速的取值与目标鱼类的游泳能力有着密切的关系,其主要设计参数根据进出口落差、鱼体大小及鱼类所能适应的流速等因素确定。

对国内已有的相同或相似鱼类测试成果进行类比分析,或参考《水利水电工程鱼道设计导则》,估算鱼类的突进流速,以初步确定鱼道竖缝流速。根据鱼类游泳能力研究成果,小型鱼类如宽口光唇鱼游泳能力最弱,雌性与雄性的最小性成熟个体的突进游泳速度为0.5m/s左右,岩原鲤的游泳能力相对较强,雌性与雄性的最小性成熟个体的突进游泳速度为1.1m/s左右,同时结合国内外鱼道设计的流速案例,大多数鲤科鱼类的感应流速为0.2m/s,综合分析确定本工程的鱼道设计流速按0.5~1.1m/s考虑。

8.2.3.3 鱼道主要结构尺寸

(1)池室宽度与长度

池室长度、宽度与水流的消能效果和鱼类的休息条件关系密切,同时也直接影响鱼道的全长。较长的池室,水流条件较好,休息水域较大,对于过鱼有利。同时,过鱼对象个体越大,池室长度也应越大。

根据《水利水电工程鱼道设计导则》(SL 609—2013),池室宽度不应小于最大过鱼目标体长的2倍;池室长度不应小于最大过鱼目标体长的2.5倍;池室长宽比宜取1.2~1.5。

本工程主要过鱼对象中规格较大的为岩原鲤、华鲮成鱼,岩原鲤最大体长一般可达到50cm,综合考虑本鱼道的过鱼规模、过鱼对象(含兼顾过鱼对象)、池室流态及鱼道总体长度,本鱼道池室宽度取2m,单个过鱼池长度取2.5m。

(2)池室水深

鱼道在实际运行过程中的水深是一个动态变化的过程,过鱼池沿程的水深随上下游水位的变化而发生改变,鱼道池室水深主要视鱼类习性而定。

根据《水利水电工程鱼道设计导则》(SL 609-2013),池室水深应依据过鱼对象体长及池室消能要求确定,设计水深可取1.5~2.5m,最小池室水深应大于0.3m,对于体长超过0.2m的鱼类,最小池室水深应大于最大过鱼体长的2.5倍。根据国内外已建工程经验,池室水深不应小于最大过鱼目标体高的5倍,约0.5m。经综合考虑,鱼道正常运行的最小水深设计为1.5~2.5m。

(3)隔板型式

过鱼池隔板型式和尺寸是决定池室下降水流形态的主要因素,对于鱼类的上溯游动至关重要。青峪口水库的主要过鱼目的是尽可能保证鱼类洄游通道的畅通,这样就要求能够兼顾更多鱼类,包括表层鱼类和底层鱼类。竖缝式隔板上下贯通,流态单一,表层鱼类和底层鱼类均可以发现和通过,适应水位变幅能力强,利于上下游各种鱼类的交流。因此,隔板采用同侧竖缝式。

竖缝的设计不仅需要考虑幼鱼及成鱼的通过需求,还必须考虑大规格鱼类的上溯需求。根据国内外已建工程经验,鱼道竖缝宽度不宜小于最大过鱼种类体宽的3倍,综合考虑过鱼对象的体形以及鱼道的尺寸,同时兼顾鱼道消能要求,竖缝宽度取30cm,竖缝法线与鱼道中心线的夹角为45°。(图8.2-1)

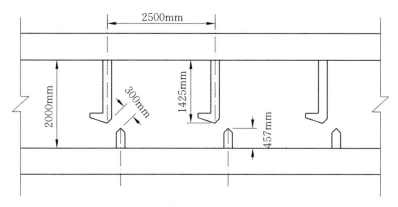

图 8.2-1　竖缝式隔板平面布置示意图

（4）隔板水位差与底坡

鱼道过鱼池段底板采用恒定坡比设计，间隔 10 级以上过鱼池设置休息池，休息池底部坡度可为平底或过鱼池底坡的一半。

相邻过鱼池间的水位落差和过鱼池底坡可分别按下列各式计算：

$$\Delta h = v^2 / g\varphi^2$$

$$i = \Delta h / L$$

式中，Δh 为隔板水位差（m）；v 为鱼道设计流速，取 0.5～1.1m/s；g 为重力加速度，取 9.81m/s^2；φ 为隔板流速系数，取 0.85；i 为过鱼池底坡；L 为单个过鱼池长度，取 2.5m。

根据上列各式计算，池间水位落差 Δh 为 0.018～0.085m，过鱼池底坡 i 为 1:（29～141），经综合考虑，过鱼池底坡取 1:50，休息池采用平底。

8.2.3.4 鱼道布置及结构

青峪口水库工程鱼道布置在重力坝左岸，由厂房集鱼系统、进鱼口、下游过鱼池段、过坝段、上游过鱼池段及出鱼口构成，鱼道沿中心线全长约 1360m。

（1）进鱼口

鱼道的进口一般布置在经常有水流下泄、鱼类洄游路线及鱼类经常集群的地方，并尽可能靠近鱼类能上溯到达的最前沿；鱼道进口区域下流速应大于 0.2m/s，易于鱼类分辨和发现进口并有利于鱼类集结；进口位置应避开泥沙易淤积处，选择水质良好、饵料丰富的水域，避开有油污、化学性污染和漂浮物的水域；进口应能适应过鱼季节运行水位的变化。

进鱼口的布置需考虑综合考虑电站尾水渠的水位变化、河流动力学特性、鱼类洄游路线以及河岸地形条件等因素。由于青峪口水库电站厂房和左岸形成了天然的集鱼区,应利用这一地形优势,将鱼道进口布置在距离电站厂房下游较近的岸边,如图8.2-2所示。鱼道设1个进口,位于电站尾水渠顶端左侧并与电站厂房下游毗邻,底高程为350m。进口采用整体"U"形结构,底坡1:50,底板厚1.5m,侧墙厚1m,侧墙顶高程355m。

根据数模研究成果,各工况下鱼道进口区域流速基本为0.2~1m/s,介于鱼类感应流速和突进游泳速度之间,且鱼类容易找到,鱼道进口设置基本合理。

(2)过鱼池

鱼道过鱼池及休息池过水断面呈矩形,宽2m,底板和侧墙横断面呈"U"形;过鱼池底坡为1:50,单个过鱼池长2.5m,净宽2m,采用单侧竖缝式混凝土隔板,隔板高4.1m,竖缝宽40cm;间隔约10个过鱼池设置1个平底休息池,休息池长5m。鱼道采用矩形涵洞结构穿越左岸非溢流坝。坝轴线以上底板厚2m,侧墙宽1m,侧墙顶高程377m;坝轴线以下底板厚1.5m,侧墙宽0.6m,侧墙高4.5m。鱼道采用矩形涵洞结构穿越左岸非溢流坝。

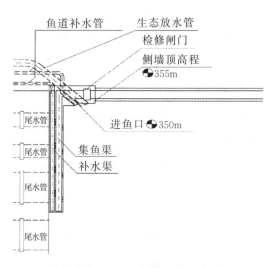

图8.2-2 进鱼口平面布置示意图

每间隔约10个过鱼池设置1个平底休息池,休息池长5m。过鱼池及休息池隔板采用单侧导竖式,隔板厚20cm。

（3）出鱼口

鱼道的出口应近岸布置,并远离泄水流道、发电厂房的进水口;出口一定范围内不应有妨碍鱼类继续上溯的不利环境,如水质严重污染区、码头和船闸上游引航道出口等;出口宜布置在水深较大和流速较小的地点,确保出口设在过鱼季节最低运行水位线以下。

根据出口布置的原则及库区的地形,鱼道出口布置在上游左岸岸边,鱼道槽身顶高程377m,为保证通过鱼道的鱼类能够顺利上溯到水库中而不被水流带到下游,鱼道出口布置在左侧岸坡上。为了适应上游2m的水位变幅,鱼道上游设置2个出鱼口,出鱼口底高程分别为372.5m和374.5m。

鱼道每个进口、出口均设置1道工作闸门,过坝段设置1道防洪闸门,闸门样式均为卷扬机垂直提升平板式闸门,闸门上方设置启闭机房。

（4）厂房集鱼系统

厂房集鱼系统主要由集鱼补水渠和进鱼孔（缝）组成。集鱼补水渠平行于坝轴线布置,通过挑梁悬挑布置在电站尾水平台上。集鱼渠为"U"形结构,净宽1.2m,底板顶高程为350m,顶高层为355m。补水渠为箱形结构,净宽0.8m,底板顶高程为350m。集鱼补水渠总宽2.9m,长约26.9m,左、中、右侧墙均宽0.3m,底板厚0.4m。

（5）附属设施

①补水系统。补水系统通过内径DN1000mm引水钢管从生态放水管旁侧引流,然后接两根DN900mm岔管,左支岔管向进鱼口底部引流,右支岔管向厂房集鱼系统补水渠引流,如图8.2-3所示。在DN1000m引水钢管上设置1台检修用DN1000mm闸阀,左、右支岔管各设1台DN700mm球阀,以在工作状态下分配左、右岔管的流量。左支岔管下泄水流在进鱼口下部形成诱鱼水流,右支岔管的水流进入补水渠后集鱼渠中间隔墙上的补水孔（缝）进入集鱼渠。②观测室及其他设施。鱼道在靠近坝轴线位置设观测室1座,在观测室附近设置水下视频拍摄或红外扫描设备等,配合视频分析软件对鱼类进行计数和统计。

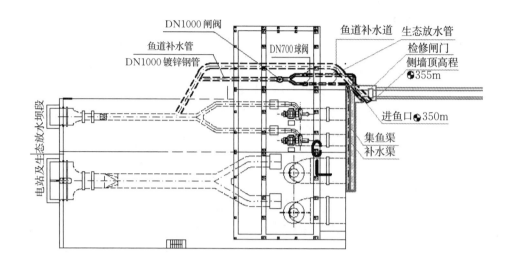

图 8.2-3　补水系统平面布置图

8.2.4 鱼道进口下游流场数值模拟

8.2.4.1 工况设置

根据水库调度运行条件,进鱼口环境流场数学模型初步选取7个代表工况,工况组合见表8.2-1。

表 8.2-1　鱼道进口下游流场模拟工况

序号	下泄流量 (m³/s)	鱼道流量 (m³/s)	1#补水管补水流量 (m³/s)	2#补水管补水流量 (m³/s)	机组流量 (m³/s)	下游水位 (m)	进口流速 (m/s)	运行机组
1	5.91	0.4	0.7	0.36	4.45	351.48	0.20~1.18	左1#最小流量发电
2	12.29	0.4	1	1	9.89	351.71	0.22~1.22	左1#满发
3	12.29	0.4	1	1	9.89	351.96	0.24~1.28	左2#满发
4	22.18	0.4	1	1	19.78	351.96	0.20~1.24	左1#和左2#满发
5	37.03	0.4	1	1	34.63	352.25	0.21~0.92	左3#满发
6	56.81	0.4	1	1	54.41	352.55	0~0.90	左1#、左2#和左3#三机满发

序号	下泄流量 (m³/s)	鱼道流量 (m³/s)	1#补水管补水流量 (m³/s)	2#补水管补水流量 (m³/s)	机组流量 (m³/s)	下游水位 (m)	进口流速 (m/s)	运行机组
7	71.66	0.4	1	1	69.26	352.75	0.33~0.71	左3#和左4#满发
8	92.04	0.4	1	1	89.04	352.99	0.15~0.86	4台机组满发

8.2.4.2 边界条件设定

计算入口有2个:一个为库区鱼道进口,进口平均流速为1m/s;另一个为电站发电机组尾水出口。根据不同工况流量及水位计算结果,断面流速分别为0.64m/s、1.28m/s。

由于自由表面为水体与大气的交界面,因此,自由表面的边界条件设定为压力边界条件。

壁面采用无滑移壁面条件,根据委托方提供的资料,鱼道过鱼水深以下壁面糙率为0.04,以上壁面糙率为0.014,河道壁面糙率为0.04。

为了精确控制发电机组的尾水出口的流量,采用质量动量源项的处理方式,对流量进行设置。质量源项流量入口边界见图8.2-4。

8.2.4.3 数值模拟结果

工况1~8条件下,鱼道下游进鱼口区域表面流速分布见图8.2-5~图8.2-12。

工况1~5,鱼道及电站机组下泄流量为5.91~37.03m³/s时,鱼道进口区域流速基本为0.2~1.28m/s,且鱼道进口位于经常有水流下泄鱼类经常集群的电站尾水下游区,鱼类容易找到鱼道进口。

工况6~8,鱼道及电站机组下泄流量为56.81~92.04m³/s时,鱼道进口区域流速基本为0~0.9m/s,虽然尾水平台和尾水出口之间存在逆时针漩涡,但漩涡的尺度远大于鱼类体长,且漩涡上游靠尾水渠区域水流方向与鱼道进口的出流方向一致,鱼类洄游到电站尾水区域后,可顺利找到鱼道进口。

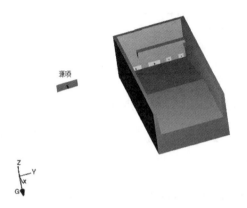

图 8.2-4 质量源项流量入口边界

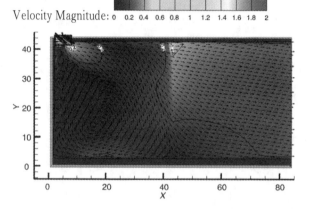

图 8.2-5 工况1进鱼口区域表面流速分布(1#最小流量发电)

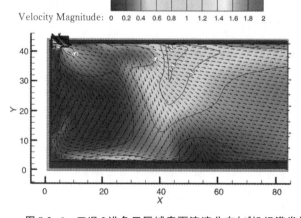

图 8.2-6 工况2进鱼口区域表面流速分布(1#机组满发)

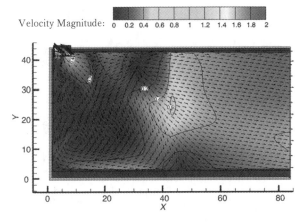

图8.2-7　工况3进鱼口区域表面流速分布（2#机组满发）

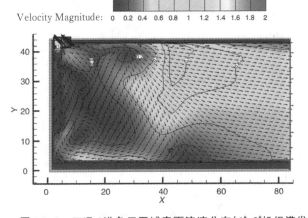

图8.2-8　工况4进鱼口区域表面流速分布（1#、2#机组满发）

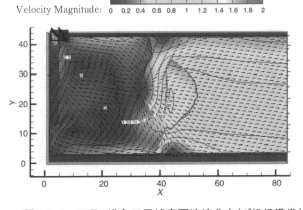

图8.2-9　工况5进鱼口区域表面流速分布（3#机组满发）

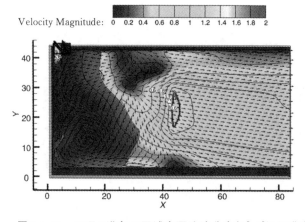

图8.2-10 工况6进鱼口区域表面流速分布（1#~3#机组满发）

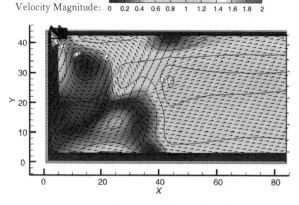

图8.2-11 工况7进鱼口区域表面流速分布（3#、4#机组满发）

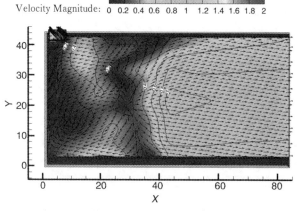

图8.2-12 工况8进鱼口区域表面流速分布（4台机组满发）

8.2.5 坝下河道环境流场数值模拟

8.2.5.1 工况设置

青峪口水库工程坝下天然河道流速主要受来流流量控制,因此,针对坝下河道环境流场,本次模拟共计算7个工况,工况组合见表8.2-2。

表8.2-2　坝下河道环境流场模拟工况设置

工况	下泄流量 (m³/s)	鱼道流量 (m³/s)	1#补水管 补水流量(m³/s)	2#补水管 补水流量(m³/s)	机组流量	下游水位 (m)
1	5.91	0.4	0.7	0.36	4.45	351.48
2	12.29	0.4	1	1	9.89	351.71
3	22.18	0.4	1	1	19.78	351.96
4	37.03	0.4	1	1	35.07	352.25
5	56.81	0.4	1	1	54.85	352.55
6	71.66	0.4	1	1	70.14	352.75
7	92.04	1	1	1	89.92	352.99

8.2.5.2 边界条件设定

计算入口为发电尾水渠出口,计算出口为尾水渠出口下游河道500处。

由于自由表面为水体与大气的交界面,因此,自由表面的边界条件设定为压力边界条件。

入口采用流量入口边界,给定发电尾水渠出口。

出口采用压力边界条件,给定出口断面的水面高程Houtlet及水面压力(大气压力)。

壁面采用无滑移壁面条件,参考委托方提供的河道资料,给定壁面糙率为0.04。

为了精确控制来流流量,采用质量源项的处理方式,对尾水出口出流面积和流量进行设置。质量源项流量入口边界见图8.2-13。

8.2.5.3 数值模拟结果

图8.2-14～图8.2-20为下游环境流场工况1～4的数值模拟平面二维结果,在

Y最大方向设置质量源项,其作为边界影响部分,不计入河道。

图8.2-13　质量源项流量入口边界

工况1~工况3,下泄流量为5.91~22.18m³/s,下游水位为351.48~351.96m,河道主流流速范围为0.2~1.2m/s,满足鱼类感应需求。

工况4~工况7,下泄流量37.03~92.04m³/s,下游水位352.25~352.99m,河道流速范围为0.2~2m/s;下游河道局部位置水流速度超过鱼类突进泳速,但河宽范围内仍有满足上溯的流速通道。

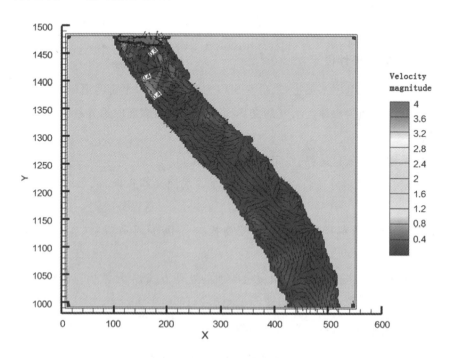

图8.2-14　工况一下游环境流场数值模拟平面二维结果

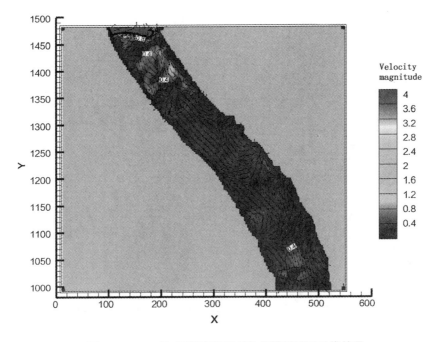

图 8.2-15 工况 2 下游环境流场数值模拟平面二维结果

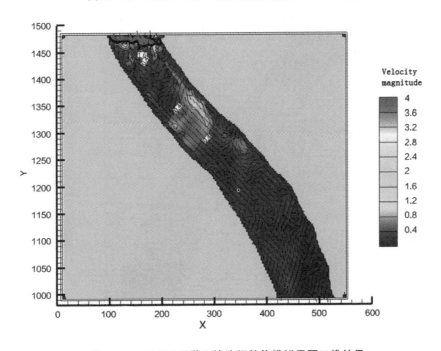

图 8.2-16 工况 3 下游环境流场数值模拟平面二维结果

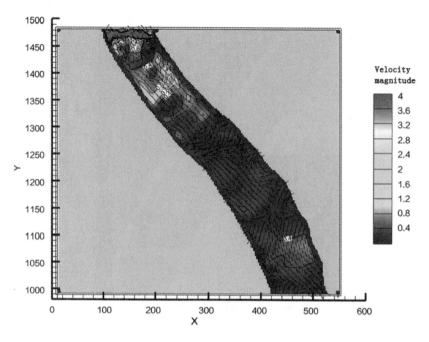

图8.2-17 工况4下游环境流场数值模拟平面二维结果

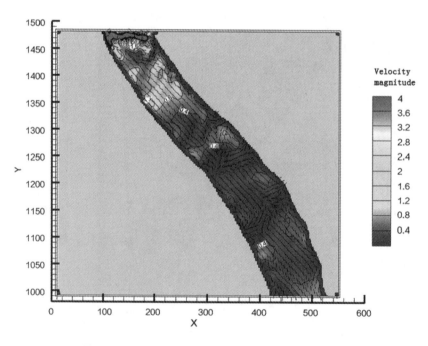

图8.2-18 工况5下游环境流场数值模拟平面二维结果

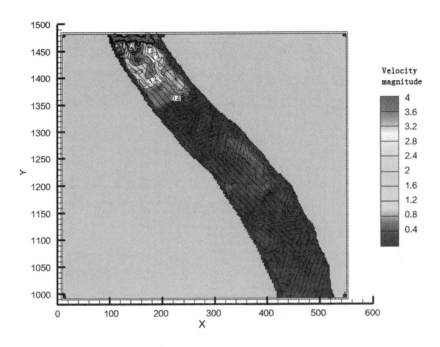

图 8.2-19　工况 6 下游环境流场数值模拟平面二维结果

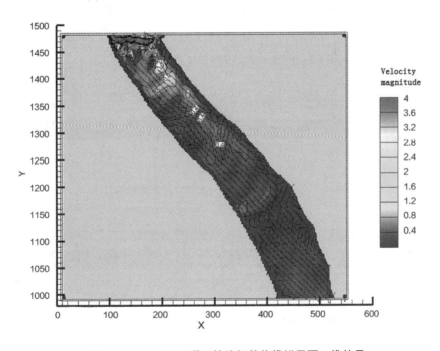

图 8.2-20　工况 7 下游环境流场数值模拟平面二维结果

8.2.6 鱼道内部流场数值模拟

8.2.6.1 工况设置

鱼道内部流场数值模拟工况为正常运行工况,运行水深为2m,设计流速为0.5m/s,模拟10级鱼池。

8.2.6.2 数值模拟结果

池室内部数值模拟结果见图8.2-21～图8.2-23,最大流速出现在第3级鱼池竖缝处,最大流速为1.16m/s;后8级鱼池,每级鱼池最大流速出现在竖缝处,最大流速为1.10m/s。各池室流速为0.96～1.16m/s。

图8.2-21 鱼道内部结构三维流场模拟结果

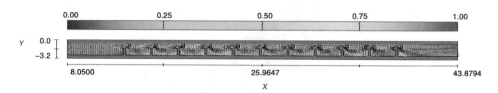

图8.2-22 鱼道内部结构0.5m水深二维流场模拟结果

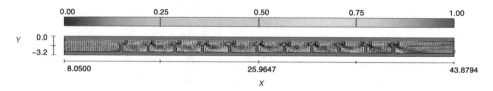

图8.2-23 鱼道内部结构1m水深二维流场模拟结果

9 研 究 结 论

通过国内外鱼道研究现状调研和分析,对传统鱼道和仿生态鱼道的形式、结构和过鱼效果进行了比较和分析,对目前长江设计集团有限公司及其外部已建鱼道进行了现场调查,结果表明,仿生态鱼道具有生态廊道和栖息地功能,适用通过的鱼类范围广,成本低但维护费用高,是未来鱼道建设主要发展趋势和方向。

系统总结了鱼类游泳能力测试方法和手段,目前采用的测试装置基本为环形水槽,通过流速递增获取感应流速、临界游速和突进游泳速度。在收集和查阅大量鱼类游泳能力测试文献、总结长江流域主要鱼类的游泳能力测试指标基础上,目前测试的鱼类感应流速差异不大,多为 $0.1 \sim 0.3 \text{m/s}$,但在临界游泳速度和突进速度方面差别较大,不同种类甚至是同一规格鱼类种类也存在差别。

通过构建仿生态鱼道三维紊流数值模拟模型和局部物理模型试验,对竖缝式仿生态鱼道、窄深型多目标仿生态鱼道进行了模拟,结果表明,三维数值模拟技术能较好地模拟鱼道池室水力特性。窄深型仿生态鱼道的耗水量大,池室结构复杂,鱼道施工及运行成本较高。竖缝式仿生态鱼道底层有两种不同的主流区,流速差异较大,适宜不同目标鱼种通过鱼道。二者均能满足鱼类通过鱼道上溯的需求。

在以上研究基础上,选择扎拉水电站鱼道为研究对象,提出了适合不同目标鱼种的仿生态鱼道的局部池室布置型式,在鱼道池室断面、宽度、隔板结构、竖缝间距、坡度等方面进行了模拟和计算,提出了仿生态鱼道优化设计方案,通过不同池室结构、坡度、水深等对流速分布、流态、紊动能等关键水力学指标的模拟分析,表明仿生态鱼道在池室通过能力、池室多样化水流、提供栖息地等方面具有一定优势,在满足鱼道过鱼基本功能的同时,对提高过鱼效果具有促进作用。

鱼类游泳能力测试受多方面的影响,目前测试方法主要是室内环形水槽试验,与河流各种生境条件差异较大,且供测试的鱼类在河流中捕捞后易出现应激反应,对客观真实反映鱼类克流能力具有较大影响,建议进一步与国内相关科研机构合作研究优化和改善鱼类游泳能力的测试方法,为鱼道设计提供优化参数。

由于本次研究主要为室内模型试验和模拟,建议根据长江设计集团有限公司承担的鱼道设计、施工和运行情况,进一步深化生态化设计和改造方案,掌握仿生态鱼道池室水力学特性对鱼类上溯的影响,提炼关键水力学指标,进一步提升仿生态鱼道的科学性和实用性,为推广仿生态鱼道技术提供技术支撑。

参 考 文 献

[1] 郑守仁. 我国水能资源开发利用及环境与生态保护问题探讨[J]. 中国工程科学, 2006, 8(6): 1-6.

[2] 白音包力皋, 王盯, 陈兴茹, 等. 鱼道水力学关键问题及设计要点[C]. 水力学与水利信息学进展, 2009: 206-211.

[3] 方真珠, 潘文斌, 赵扬. 生态型鱼道设计的原理和方法综述[J]. 能源与环境, 2012, (04): 84-86.

[4] 刘志雄, 周赤, 黄明海. 鱼道应用现状和研究进展[J]. 长江科学院院报, 2010, 27(4): 28-31, 35.

[5] 李栋楠, 赵建世. 梯级水库调度的发电-生态效益均衡分析[J]. 水力发电学报, 2016, 35(2): 37-44.

[6] 杨昆, 邓熙, 李学灵, 等. 梯级开发对河流生态系统和景观影响研究进展[J]. 应用生态学报, 2011, 22(5): 1359-1367.

[7] KATOPODIS C, WILLIAMS J G. The development of fish passage research in a historical context [J]. Ecological Engineering, 2012, 48: 8-18.

[8] 刘鹄, 程文, 任杰辉, 等. 竖缝与孔口组合式鱼道流动特性模拟研究[J]. 水力发电学报, 2017, 36(6): 38-46.

[9] 孙双科, 张国强. 环境友好的近自然型鱼道[J]. 中国水利水电科学研究院学报, 2012, 10(1): 41-47.

[10] 郭维东, 赖倩, 王丽, 等. 同侧竖缝式鱼道水力特性数值模拟[J]. 水电能源科学, 2013, 31(5): 77-80, 144.

[11] 何雨艨, 安瑞冬, 李嘉, 等. 蛮石斜坡型仿自然鱼道水力学特性研究[J]. 水力发电学报, 2016, 35(10): 40-47.

[12] 张国强,孙双科.竖缝宽度对竖缝式鱼道水流结构的影响[J].水力发电学报,2012,31(1):151－156.

[13] 边永欢.竖缝式鱼道若干水力学问题研究[D].北京:中国水利水电科学研究院,2015:2.

[14] 孙东坡,何胜男,王鹏涛,等.明槽式鱼道进流口区水流特性及改善措施[J].水利水电技术,2016,47(4):58－62.

[15] CLAY C H. Design of Fishways and Other Fish Facilities[M]. Boca Ranton :CRC Press Inc., 1995.

[16] KIM J H. Hydraulic characteristics by weir type in a pool－weir fishway[J]. Ecological Engineering, 2001,16(3):425－433.

[17] 郭坚,芮建良.以洋塘水闸鱼道为例浅议我国鱼道的有关问题[J].水力发电,2010,36(4):8－10,19.

[18] 宋德敬,姜辉,关长涛,等.老龙口水利枢纽工程中鱼道的设计研究[J].海洋水产研究,2008,29(1):92－97.

[19] 曹娜,钟治国,曹晓红,等.我国鱼道建设及典型案例分析[J].水资源保护,2016,32(6):156－162.

[20] BUNT C M, VAN POORTEN B T, WONG L. Denil fishway utilization patterns and passage of several warmwater species relative to seasonal, thermal and hydraulic dynamics[J]. Ecology of Freshwater Fish , 2001,10(4):212－219.

[21] MALLEN－COOPER M, STUART G I. Optimising Denil fishways for passage of small and large fishes[J]. Fisheries Management and Ecology, 2007,14(1):61－71.

[22] 南京水利科学研究所.鱼道[M].北京:电力工业出版社,1982.

[23] 王兴勇,郭军.国内外鱼道研究与建设[J].中国水利水电科学研究院学报,2005,3(3):222－228.

[24] LARINIER M, TRAVADE F, PORCHER J P. Fishways: biological basis, design criteria and monitoring[M]. Bull: Fr Peche Piscic, 2002.

[25] 边永欢.竖缝式鱼道若干水力学问题研究[D].北京:中国水利水电科学研究院,2015:3.

[26] MICHEL LARINIER. 环境问题、大坝与鱼类洄游[R]. 罗马:联合国粮食及农业组织,2007.

[27] 陈大庆,吴强,徐淑英,等. 大坝与过鱼设施[C]. 北京:水利水电建设项目水环境与水生生态保护技术政策研讨会. 2005:101−131.

[28] 陈凯麟,常仲农,曹晓红,等. 我国鱼道建设现状与展望[J]. 水利学报,2012,43(2):182−188,197.

[29] 李会峰. 鲤科鱼游泳能力及其在鱼道设计中的应用[D]. 南宁广西大学,2016:9.

[30] 刘湘春,彭金涛. 水利水电建设项目对河流生态的影响及保护修护对策[J]. 水电站设计,2011,27(1):58−61,66.

[31] Nallamuthu Rajaratnam M. ASCE, Gary Van der Vinne, et al. Hydraulics of vertical slot fishways[J]. Journal of Hydraulic Engineering,1986,112(10):909−927.

[32] RAJARATNAM N, KATOPODIS C, SOLANKI S. New designs for vertical slot fishways[J]. Canadian Journal of Civil Engineering,1992,19:402−414.

[33] WU S, RAJARATNAM N, ASCE F. et al. Structure of flow in vertical slot fishway [J]. Journal of Hydraulic Engineering, 1999, 125 (4): 351−360.

[34] BUNT C M. Fishway entrance modifications enhance fish attraction[J]. Fisheries Management and Ecology,2001,(8):95−105.

[35] FUJIHARA MASAYUKI, FUKUSHIMA TADAO, TACHIBANA KAZUKO. Numerical investigations of vertical single−and double−slot fishways[J]. Japan Society of Civil Engineering,2003,71(1):79−88.

[36] ANDREW F BARTON, ROBERT J. KELLER. 3D Free Surface Model for a Vertical Slot Fishway[C]. IAHR Congress, Thessoloniki, Greece, International Association of Hydraulic Engineering and Research,2003:1−8.

[37] PUERTAS J, ASCE AFF, PENA L, et al. Experimental approach to the hydraulics of vertical slot fishway[J]. Journal of Hydraulic Engineer-

ing,2004,130(1):10—23.

[38] LIAQAT A. KHAN. A three—dimensional computational fluid dynamics model analysis of free surface hydrodynamics and fish passage energetics in a vertical—slot fishway[J]. North American Journal of Fisheries Management, 26(2): 255—267.

[39] ALVAREZ—VAZQUEZ L J, MARTINEZ A, RODRIGUEZ C, et al. Optimal shape design for fishway in rivers[J]. Mathematics and Computers in Simulation,2007,76:218—222.

[40] MARIA BERMUDEZ, JERONIMO PUERTAS, LUIS CEA, et al. Influence of pool geometry on the biological efficiency of vertical slot fishways[J]. Ecological Engineering,2010,36:1355—1364.

[41] THIEM J D, BINDER T R,DUMONT P,et al. Multispecies fish passage behavior in a vertical slot fishway on the Richelieu, Quebec, Canada [J]. River Research and Applications,2013,29:582—592.

[42] 董志勇,冯玉平, Alan Ervine. 同侧竖缝式鱼道水力特性及放鱼试验研究[J]. 水力发电学报, 2008,27(6):121—125.

[43] 徐体兵,孙双科. 竖缝式鱼道水流结构的数值模拟[J]. 水利学报, 2009,40(11):1386—1391.

[44] 黄明海,周赤,张亚利,等. 竖缝-潜孔组合式鱼道进鱼口渠段三维紊流数值模拟研究[J]. 水力学与水利信息学进展, 2009:212—218.

[45] 曹庆磊,杨文俊,陈辉. 异侧竖缝式鱼道水力特性试验研究[J]. 河海大学学报, 2010,38(6):698—703.

[46] 曹庆磊,杨文俊,陈辉. 同侧竖缝式鱼道水力特性的数值模拟[J]. 长江科学院院报, 2010:27(7)26—30.

[47] 罗小凤,李嘉. 竖缝式鱼道结构及水力特性研究[J]. 长江科学院院报, 2010,27(10):50—54.

[48] 刘志雄,刘东,周赤. 异侧竖缝式鱼道水力特性研究[J]. 人民长江, 2011,42(15):66—68.

[49] 郭维东,孙磊,高宇,等. 同侧竖缝式鱼道水力特性研究[J]. 水电能源科学, 2012,30(3):81—83.

[50] 郭维东,孙磊,高宇,等.同侧竖缝式鱼道流速特性研究[J].水力发电学报,2013,32(2):155－158.

[51] 边永欢,孙双科,张国强,等.竖缝式鱼道90°转弯段水力特性的数值模拟[J].水生态杂志,2015,36(1):53－59.

[52] 边永欢,孙双科,郑铁刚,等.竖缝式鱼道180°转弯段的水力特性与改进研究[J].四川大学学报,2015,47(1):90－96.

[53] 诸韬,傅宗甫,崔贞,等.双侧竖缝式鱼道水力特性三维数值模拟研究[J].水电能源科学,2016,34(11):93－96.

[54] 吕强,孙双科,边永欢.双侧竖缝式鱼道水力特性研究[J].水生态杂志,2016,37(4):55－62.

[55] 姜静,周赤,刘志雄.仿自然鱼道的一般布置原则及数值模拟研究[J].水利与建筑工程学报,2016,14(6):81－85.

[56] 谭均军,高柱,戴会超,等.竖缝式鱼道水力特性与鱼类运动特性相关性分析[J].水利学报,2017,48(8):924－932,944.

[57] 赵彬如,戴会超,戎贵文,等.竖缝位置对竖缝式鱼道水力特性的影响[J].水利水电科技进展,2017,37(5):69－73,83.

[58] 徐进超,王晓刚,宣国祥,等.仿自然鱼道整体物理模型试验研究[J].水科学进展,2017,28(6):879－887.

[59] 李广宁,孙双科,柳海涛,等.仿自然鱼道中卵石墙对池室水力特性改善效果[J].农业工程学报,2017,33(15):184－189.

[60] 胡望斌,韩德举,高勇,等.鱼类洄游通道恢复:国外的经验及中国的对策[J].长江流域资源与环境,2008,17(6):898－903.

[61] 赵世亮.鱼类行为学研究进展[J].畜牧与饲料科学,2010,31(9):102－104.

[62] 李明德.鱼类生态学[M].北京:中国科学技术出版社,2009.

[63] 杨培思.竖缝式鱼道水力特性研究[D].南宁:广西大学,2017:18.

[64] 鲜雪梅,曹振东,付世建.4种幼鱼临界游泳速度和运动耐受时间的比较[J].重庆师范大学学报,2010,27(4):16－20.

[65] 付世建,曹振东,彭姜岚.不同时间间隔重复力竭运动对南方鲇幼鱼耗氧率的影响[J].重庆师范大学学报,2009,26(1):13－16.

[66] 石小涛,陈求稳,黄应平,等.鱼类通过鱼道内水流速度障碍能力的评估方法[J].生态学报,2011,31(22):6967－6972.

[67] 于晓明,张秀梅.鱼类游泳能力测定方法的研究进展[J].南方水产科学,20011,7(4):76－84.

[68] 王萍,桂福坤,吴常文.鱼类游泳速度分类方法的探讨[J].中国水产科学,2010,17(5):1137－1146.

[69] BEAMISH F W H. Swimming capacity [M]. New York: Academic Press,1978.

[70] HAMMER C. Fatigue and exercise tests with with fish[J]. Comparative Biochemistry Physiology A,1995,112(1):1－20.

[71] PLAUT I. Critical swimming speed: Its ecological relevance[J]. Comparative Biochemistry Physiology A,2001,131(1):41－50.

[72] 郑金秀,韩德举,胡望斌,等.与鱼道设计相关的鱼类游泳行为研究[J].水生态杂志,2010,3(5):104－110.

[73] 涂志英,袁喜,韩京成,等.鱼类游泳能力研究进展[J].长江流域资源与环境,2011,20(Z1):59－65.

[74] 汪红波,王从峰,刘德富,等.横隔板式鱼道水力特性数值模拟研究[J].水电能源科学,2012,30(5):65－68,141.

[75] 刘志雄,岳汉生,王猛.同侧导竖式鱼道水力特性试验研究[J].长江科学院院报,2013,30(8):113－116.

[76] EAD S A, RAJARATNAM N, KATOPODIS C. Generalized Study of Hydraulics of Culvert Fishways[J]. Journal of Hydraulic Engineering,2002,128(11):1018－1022.

[77] 许晓蓉,刘德富,汪红波,等.涵洞式鱼道设计现状与展望[J].长江科学院院报,2012,29(4):44－48,63.

[78] 王猛,岳汉生,史德亮,等.仿自然型鱼道进出口布置试验研究[J].长江科学院院报,2014,31(1):42－46,52.

[79] 杨宇,严忠民,陈金生.鱼道的生态廊道功能研究[J].水利渔业,2006,26(3):65－67.